图灵程序设计丛书

响应式Web设计
HTML5和CSS3实战
（第2版）

Responsive Web Design with HTML5 and CSS3

Second Edition

[英] Ben Frain 著
奇舞团 译

人民邮电出版社
北 京

图书在版编目（CIP）数据

响应式Web设计 ： HTML5和CSS3实战 ： 第2版 / （英）本•弗莱恩（Ben Frain）著 ； 奇舞团译. -- 北京 ： 人民邮电出版社，2017.2(2023.9重印)
（图灵程序设计丛书）
ISBN 978-7-115-44655-8

Ⅰ. ①响… Ⅱ. ①本… ②奇… Ⅲ. ①超文本标记语言—程序设计②网页制作工具 Ⅳ. ①TP312②TP393.092

中国版本图书馆CIP数据核字(2016)第311829号

内容提要

本书将当前Web设计中热门的响应式设计技术与HTML5和CSS3结合起来，为读者全面深入地讲解了针对各种屏幕大小设计和开发现代网站的各种技术。书中不仅讨论了媒体查询、弹性布局、响应式图片，更将最新和最有用的HTML5和CSS3技术一并讲解，是学习最新Web设计技术不可多得的佳作。

本书适合所有Web开发和设计人员阅读。

◆ 著　　　[英] Ben Frain
译　　　奇舞团
责任编辑　岳新欣
责任印制　彭志环

◆ 人民邮电出版社出版发行　　北京市丰台区成寿寺路11号
邮编　100164　　电子邮件　315@ptpress.com.cn
网址　http://www.ptpress.com.cn
三河市君旺印务有限公司印刷

◆ 开本：800×1000　1/16
印张：14.5　　　　2017年2月第1版
字数：343千字　　　2023年9月河北第17次印刷
著作权合同登记号　图字：01-2016-4800号

定价：59.00元

读者服务热线：(010)84084456-6009　印装质量热线：(010)81055316

反盗版热线：(010)81055315

广告经营许可证：京东市监广登字 20170147 号

版权声明

致　　谢

感谢本书技术审校专家牺牲个人闲暇时间，提出了宝贵意见。他们提升了这本书的品质。

感谢Web社区持续地分享新的信息，没有他们的分享，我的工作不会那么令人惬意。

最重要的，感谢我的家人。为了写这本书，我少产出了不少电视剧集（为老婆），少喝了很多杯茶（陪父母），少出席了很多次“华山论剑”（跟儿子）。

前　言

响应式Web设计是一种统一的解决方案，可以让Web作品适配手机、平板和桌面电脑。响应式的网站可以适应用户的屏幕大小，为今天和明天的设备都提供最佳用户体验。

本书涵盖响应式Web设计的所有相关内容。不仅如此，通过介绍最新和最有用的HTML5和CSS3技术，还扩充了响应式设计的方法库，让设计变得更简单，更好维护。此外，本书还讨论了编写和交付代码、图片、文件的最佳实践。

只要会用HTML和CSS，就可以学会响应式Web设计。

本书内容

第1章，“响应式Web设计基础”，简要介绍响应式Web设计相关的技术。

第2章，“媒体查询”，系统讲解CSS媒体查询，包括它的能力、语法，以及各种使用方式。

第3章，“弹性布局与响应式图片”，展示如何设计比例缩放布局和响应式图片，并对Flexbox布局进行全方位介绍。

第4章，“HTML5与响应式Web设计”，探讨HTML5中的语义元素、文本级语义，以及无障碍方面的考虑，还介绍了如何在网页中添加视频和音频。

第5章，“CSS3新特性”，探讨CSS选择符、HSLA及RGBA颜色、Web排版、视口相对单位，等等。

第6章，“CSS3高级技术”，探讨CSS滤镜、盒阴影、线性与放射渐变、多背影，以及如何为高分辨率设备提供背景图片。

第7章，“SVG与响应式Web设计”，讲述在文档中使用SVG、将SVG作为背影图片，以及通过JavaScript添加交互。

第8章，“CSS3过渡、变形和动画”，看一看使用CSS能够做出哪些交互与动画效果。

第9章，“表单”，在HTML5和CSS3之前，表单一直是个难题，现在不同了。

第10章，“实现响应式Web设计”，阐述在着手实现响应式Web设计时需要考虑的重要因素，并给大家提供一些实用的建议。

阅读前提

- 需要一个文本编辑器
- 需要一个主流浏览器
- 喜欢一些无聊的笑话

读者对象

你是否需要写两个网站，一个针对手机，一个针对大显示器？或者你已经完成了一版响应式Web设计作品，但不知道怎么把它跟之前的网站集成起来？好，本书可以告诉你想知道的一切。

只需一些HTML和CSS基础就可以轻松看懂这本书，而本书还包含了关于响应式Web设计及优秀网站设计的更多内容。

排版约定

在本书中，你会发现一些不同的文本样式，用以区别不同种类的信息。下面是这些样式的一些例子和解释。

正文中的代码、数据库表名、用户输入会以等宽字体进行表示，如：“为了解决前面的问题，可以在网页的`<head>`中添加下面这行代码。”

代码段格式如下所示：

```
img {
    max-width: 100%;
}
```

新术语和重点词汇均采用楷体字表示。

这个图标表示警告或需要特别注意的内容。

这个图标表示提示或者技巧。

读者反馈

我们总是欢迎读者的反馈。如果你对本书有些想法，有什么喜欢或是不喜欢的，请反馈给我们。这将有助于我们开发出能够充分满足读者需求的图书。

一般的反馈，请发送电子邮件至feedback@packtpub.com，并在邮件主题中包含书名。

如果你在某个领域有专长，并有意编写一本书或是贡献一份力量，请参考我们的作者指南，地址为http://www.packtpub.com/authors。

客户支持

现在，你是一位令我们自豪的Packt图书的拥有者，我们会尽全力帮你充分利用你手中的书。

下载示例代码

你可以用你的账户从http://www.packtpub.com下载所有已购买Packt图书的示例代码文件。如果你从其他地方购买本书，可以访问http://www.packtpub.com/support并注册，我们将通过电子邮件把文件发送给你。

勘误表

虽然我们已尽力确保本书内容正确，但出错仍旧在所难免。如果你在我们的书中发现错误，不管是文本还是代码，希望能告知我们，我们不胜感激。这样做，你可以使其他读者免受挫败，帮助我们改进本书的后续版本。如果你发现任何错误，请访问http://www.packtpub.com/submit-errata提交，选择你的书，点击勘误表提交表单的链接，并输入详细说明。勘误一经核实，你的提交将被接受，此勘误将上传到本公司网站或添加到现有勘误表。从http://www.packtpub.com/support选择书名就可以查看现有的勘误表。

侵权行为

版权材料在互联网上的盗版是所有媒体都要面对的问题。Packt非常重视保护版权和许可证。如果你发现我们的作品在互联网上被非法复制，不管以什么形式，都请立即为我们提供位置地址或网站名称，以便我们可以寻求补救。

请把可疑盗版材料的链接发到copyright@packtpub.com。

非常感谢你帮助我们保护作者，以及保护我们给你带来有价值内容的能力。

问题

如果你对本书内容存有疑问，不管是哪个方面，都可以通过questions@packtpub.com联系我们，我们将尽最大努力来解决。

电子书

扫描如下二维码，即可购买本书电子版。

目　　录

第1章 响应式Web设计基础

几年前，我们看到的网站还都是固定宽度的，目标是让所有用户都拥有相同的体验。这种固定宽度（通常为960像素左右）对笔记本电脑来说也不算宽，拥有更大显示器的用户则会在两侧看到很大的白边。

2007年，苹果iPhone首次带来了真正意义的手机上网体验，彻底改变了人们上网的方式。

本书第1版曾这么写道：

> "从2010年7月到2011年7月，短短12个月，全球手机浏览器的使用量就从2.86%飙升至7.02%。"

2015年年中，同一家调查机构（gs.statcounter.com）的数据显示，这个数字已经达到33.47%。北美地区的数字则是25.86%。

不管怎么统计，移动设备的增长都是前所未有的。与此同时，27英寸乃至30英寸的大屏幕显示器如今也成为了司空见惯的东西。这样一来，上网设备屏幕之间的差距也达到了前所未有之大。

面对不断扩展的浏览器和设备，我们还是有应对方案的。这个方案就是基于HTML5和CSS3的响应式Web设计。响应式Web设计可以让一个网站同时适配多种设备和多个屏幕，可以让网站的布局和功能随用户的使用环境（屏幕大小、输入方式、设备/浏览器能力）而变化。

不仅如此，基于HTML5和CSS3的响应式Web设计，并不需要依赖服务端或后端方案。

1.1 定义需求

无论你是刚刚接触响应式Web设计、HTML5、CSS3，还是已经对它们很熟悉了，我都希望本章可以实现两个目标。

如果你已经在自己的响应式Web设计中使用了HTML5和CSS3，本章可以帮你快速做一个回顾。如果你是一位新手，可以把这一章看成"新手训练营"，它会告诉你阅读本书所需的一切。

学完本章，你将对实现响应式Web设计有一个全面清晰的了解。

有人会问，既然如此，剩下9章有什么用呢？本章最后也会对此给出答案。

以下是本章的主要内容：

- 定义响应式Web设计
- 如何确定浏览器支持程度
- 工具和文本编辑器
- 第一个响应式的例子
- 视口`meta`标签的重要意义
- 怎么让图片随窗口缩放
- 用CSS3媒体查询定义断点
- 前面例子的不足之处
- 为什么学习之旅才刚刚开始

1.2 什么是响应式 Web 设计

“响应式Web设计”这个名字是Ethan Marcotte在2010年发明的。当时，他在A List Apart上写了一篇文章（http://www.alistapart.com/articles/responsive-web-design/），这篇文章综合运用了三种已有技术（弹性网格布局、弹性图片/媒体、媒体查询）实现了一个解决方案，就叫“响应式Web设计”。

响应式 Web 设计的由来

所谓响应式Web设计，就是网页内容会随着访问它的视口及设备的不同而呈现不同的样式。

最初，响应式设计是从“桌面”、固定宽度设计开始的。然后，到了小屏幕上，内容会重排，或者根据情况隐藏部分内容。可是，随着时间推移，人们发现，还是采用相反的设计思路更好，即先为小屏幕设计内容、样式，然后再向大屏幕扩展。

详细介绍这些情况之前，我们先来看看浏览器支持与文本编辑器/工具。

1.3 浏览器支持

由于响应式Web设计已经广为人知，所以跟客户及相关方沟通变得越来越容易。提到“响应式Web设计”，很多人都表示知道怎么回事。而写一个项目就可以满足所有设备的说法也很有竞争优势。

不过，浏览器支持一直是响应式Web设计面临的最大问题。市面上如此多的浏览器和设备，要想一个不落地支持并不现实。有时候是时间问题，有时候是预算问题，有时候两方面问题都有。

一般来说，要支持的浏览器版本越早，想达到现代浏览器中相同功能和效果所需的工作量就越大。因此，最好的做法是先写一个较轻量的代码架构，然后根据所需的体验针对能力更强的浏览器进行扩展，包括视觉和功能。

本书上一版还花了不少篇幅介绍怎么迎合老旧版本的桌面浏览器。但这一版不会在这方面浪费时间了。

在写作这一版的2015年年中，IE6、IE7、IE8基本消失了，就连IE9的市场份额也降到了2.45%（IE10只占1.94%，IE11上升到了11.68%）。如果你必须考虑兼容IE8甚至更低版本，在同情你的遭际之余，我必须坦率地告诉你，这本书里没多少相关的内容可资利用。

对于其他人来说，应该劝告自己的客户或老板，告诉他们为什么给那些“残疾”浏览器写代码是错误的，而把时间和资源主要放在支持现代浏览器和现代平台上才是最明智的。

不过到最后，唯一重要的因素还是你自己。在通常情况下，我们写的网站必须在所有常用浏览器里表现正常。除了基本功能，有必要提前确定针对哪个平台要实现最强的功能，以便对其他平台上的视觉和功能作出相应取舍。

这是非常实际的做法，因为从最简单的“基本”体验开始，逐步扩充（所谓“渐进增强”）更容易。相反，先做出大而全的版本，然后再针对能力不足的平台寻找后备方案（所谓“平稳退化”）则要麻烦得多。

为了进一步说明提前确定主要支持平台很重要，我们举个例子。假设你很倒霉，25%的用户都在用IE9，那你必须考虑这个版本的IE都支持什么特性，然后再相应地剪裁自己的设计方案。同样，如果有大量用户使用的手机平台是Android 2，你也要考虑类似的问题。不同平台需要考虑的“基本”体验相差很大。

如果没有合适的数据，那么我会按照一个简单粗暴的逻辑来决定是否开发某个特定平台/浏览器的版本：如果支持浏览器X的开发成本超过了浏览器X的用户创造的收益，那么就不为该浏览器开发特殊的版本。

能不能适配某个旧平台/版本不是问题，问题在于是否应该去适配它。

在确定哪些平台和浏览器版本支持什么特性时，建议参考这个网站：http://caniuse.com。这个网站的界面简洁，查询方便。

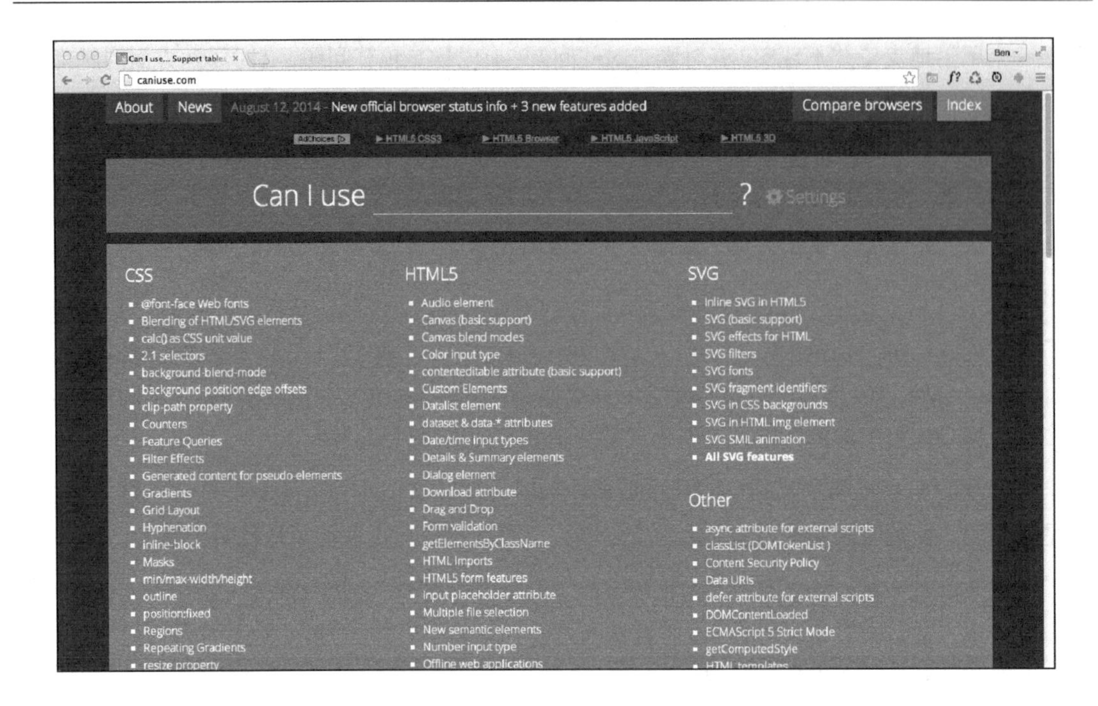

关于工具和文本编辑器

用什么文本编辑器或IDE来写响应式网站都一样。如果你觉得某个简单的文本编辑器足够你高效编写HTML、CSS和JavaScript代码，那就行啦。其他工具也一样，没有哪个工具是必需的。只要能让你写HTML、CSS和JavaScript就行。Sublime Text、Vim、Coda、Visual Studio、Notepad，选哪一个都不重要，你喜欢就好。

不过，请大家注意，现在确实出现了不少新工具（通常也是免费的）。这些工具可以把以往需要手工来做的事自动化。比如，CSS预处理器（Sass、LESS、Stylus、PostCSS）可以帮我们组织代码、变量、颜色操作和数学运算。像PostCSS这样的工具可以帮我们完成添加浏览器前缀这样烦琐的任务。另外，一些清理和验证工具可以帮我们检查HTML、CSS和JavaScript代码是否符合标准，自动提示输入错误和语法错误。

新工具始终在不断涌现，而且会不断改进。虽然本书有时会提到一些有用工具的名字，但并不代表对你来说最合适，你应该去找最适合自己的。事实上，本书的示例除了HTML和CSS标准之外，不依赖任何工具。至于怎么利用前端工具让自己的代码更快更可靠，那是你的事。

1.4　第一个响应式的例子

本章开头承诺让你在学完这一章之后，了解所有与响应式Web设计相关的知识。前面我们讨论的都是一些相关话题，现在该付诸行动了。

代码示例

下载本书示例代码的地址是：http://rwd.education/download.zip或https://github.com/benfrain/rwd。请注意，下载到的代码只包含每个示例的最终版本。比如，第2章的例子是第2章结束时的状态，而不是该章中间部分的某个状态。

1.4.1 HTML

先从HTML5结构讲起。大家先不要着急理解每一行代码的用途（特别是<head>中的代码），第4章会详细介绍它们。

现在，我们只关注<body>标签中的元素。必须承认，现在的网页看起来一点也不特别，只有几个DIV、一张LOGO图、一张图片（看起来很好吃的松饼）、一两段文本和一个项目列表 。

以下是删节后的代码。为简单起见，段落中的文字已经隐藏了，因为我们要关注的只是结构。只要知道那些文字介绍了怎么制作标准的英式松饼就行了。

如果想看完整的HTML文件，请解压下载后的代码。

```
<!doctype html>
<html class="no-js" lang="en">
    <head>
        <meta charset="utf-8">
        <title>Our first responsive web page with HTML5 and CSS3</
title>
        <meta name="description" content="A basic responsive web page
- an example from Chapter 1">
        <link rel="stylesheet" href="css/styles.css">
    </head>
    <body>
        <div class="Header">
            <a href="/" class="LogoWrapper"><img src="img/SOC-Logo.
png" alt="Scone O'Clock logo" /></a>
            <p class="Strap">Scones: the most resplendent of snacks</
p>
        </div>
        <div class="IntroWrapper">
            <p class="IntroText">Occasionally maligned and
misunderstood; the scone is a quintessentially British classic.</p>
            <div class="MoneyShot">
                <img class="MoneyShotImg" src="img/scones.jpg"
alt="Incredible scones" />
                <p class="ImageCaption">Incredible scones, picture
from Wikipedia</p>
            </div>
```

```
        </div>
        <p>Recipe and serving suggestions follow.</p>
        <div class="Ingredients">

            <h3 class="SubHeader">Ingredients</h3>
            <ul>

            </ul>
        </div>
        <div class="HowToMake">
            <h3 class="SubHeader">Method</h3>
            <ol class="MethodWrapper">

            </ol>
        </div>
    </body>
</html>
```

默认情况下，网页布局是弹性的。就它现在这个样子把它打开（还不包含媒体查询），缩放浏览器窗口，你会看见文本会根据屏幕缩放自动重排。

那换个设备怎么样呢？在没有CSS的情况下，iPhone中的效果如下图所示。

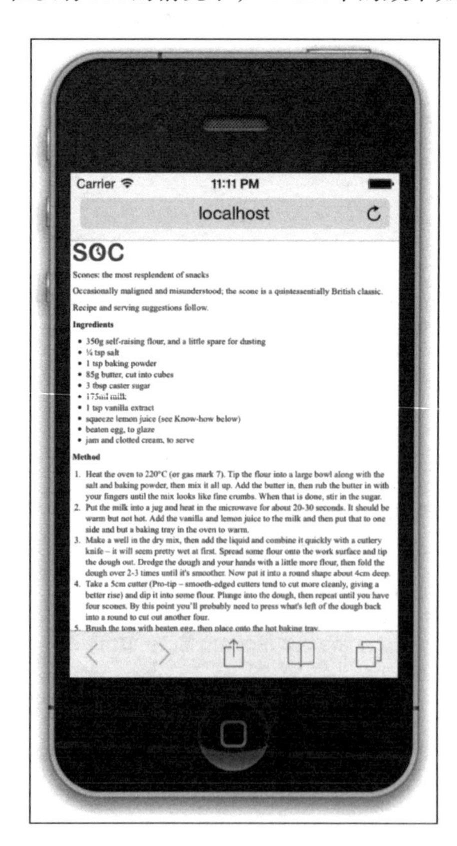

在iPhone中也是一个“正常的”网页。这是因为iOS默认会按980像素宽度来渲染网页，然后再把页面缩小呈现在视口当中。

浏览器中用于呈现网页的区域叫视口（viewport）。视口通常并不等于屏幕大小，特别是可以缩放浏览器窗口的情况下。

因此，从现在开始，我们会使用这个准确的术语指代可以呈现网页的区域。

为了解决前面的问题，可以在网页的`<head>`中添加下面这行代码：

```
<meta name="viewport" content="width=device-width">
```

这个视口的`<meta>`标签是一种非标准的（但却是事实标准的）方式，它告诉浏览器怎么渲染网页。在这里，`<meta>`标签想表达的意思是：按照设备的宽度（`device-width`）来渲染网页内容。事实上，在支持这个标签的设备上给你看一看效果，你就明白了。

不错呀！现在，网页中的文字看起来更有“原生”的感觉了。我们继续。

第2章在介绍媒体查询的时候还会详细讨论`<meta>`标签的更多设置和组合用法。

1.4.2　图片

有人说“一图胜千言”，确实如此。我们网页中关于松饼的文字介绍再多，也没有图片有吸引力。下面我们就在页面上方添加一张松饼的图片，效果类似引诱用户往下看的大题图。

哇，真是好大一张图（2000像素宽），它让整个网页看起来都失衡了。不行，必须解决这个问题。可以用CSS给图片指定固定宽度，但问题是我们想让它能在不同大小的屏幕中自动缩放。

比如，我们例子中的iPhone屏幕宽度为320像素，如果我们把图片设置成320像素宽，那么iPhone屏幕旋转后又怎么办呢？这时候320像素变成了480像素。解决方案很简单，只要一行CSS代码就可以让图片随容器宽度自动缩放。

在这里我们创建一个CSS文件：css/styles.css，将它链接到HTML页面的头部。

以下是我们在这个CSS文件中写的代码。一般来说，应该先设置一些默认值，这些话题后面几章我们再讨论。现在我们就加入这点代码：

```
img {
    max-width: 100%;
}
```

回到手机上，刷新页面，结果比较符合预期了。

这里声明max-width规则，就是要保证所有图片最大显示为其自身的100%（即最大只可以显示为自身那么大）。此时，如果包含图片的元素（比如包含图片的body或div）比图片固有宽度小，图片会缩放占满最大可用空间。

为什么不用width:100%?

要实现图片的自动缩放，也可以使用更通用的width属性，比如width:100%。然而，这条规则在这里的效果不同。如果给width属性设置一个值，那么图片就会按照该值显示，不考虑自身固有宽度。以我们例子中的LOGO（同样也是一张图片）为例，这条规则会导致它显示得跟它的容器一样宽。在容器比图片宽得多的情况下（就像我们这里的LOGO一样），图片会被无谓地拉伸。

很好，现在图片和文本都显示正常了。不管视口多大，至少水平方向上再也没有内容溢出了。

再回过头来在较大的视口中看看效果。下图是在视口宽度大约为1400像素下看到的效果，基本样式下的文本和图片明显被拉长了。

这可不行！事实上，视口宽度达到600像素时，效果就不好了。在这个宽度上，如果我们可以对某些元素进行重排，也许可以有所改进，比如调整图片大小并将其放置在一侧，或修改某些元素的字体大小和背影颜色。

没问题，使用CSS媒体查询可以轻易实现我们说的所有功能。

1.4.3　媒体查询

我们知道，当视口宽度超过600像素时，当前的页面布局存在被严重拉伸的问题。下面我们就使用CSS3的媒体查询根据屏幕宽度来调整布局。媒体查询可以让我们在某些条件下（如宽度和高度为多少的情况下）为网页应用样式。

不针对流行的设备宽度设置断点

所谓"断点"，就是某个宽度临界点，跨过这个点布局就会发生显著变化。

人们在刚开始使用媒体查询的时候，经常会针对当时流行的设备设置断点。当时，iPhone（320像素 × 480像素）和iPad（768像素 × 1024像素）的宽度决定了断点。

不过，当时那样做并不好，现在来看就更不可取了。这是因为这样实际上把设计跟特定的屏幕大小绑定了。既然是响应式设计，那应该与显示它的设备无关才对，而不是只在某些屏幕中才最合适。

断点应该由内容和设计本身决定。比如你的设计可能在500像素或更宽的时候看起来就不对了，当然也许是800像素。总之，断点应该由你自己的项目设计决定。

第2章将全面介绍媒体查询，因此“媒体查询”也是那一章的名字。

不过，为了说明如何改进我们的设计，这里可以只关注一种媒体查询，即最小宽度媒体查询。在这个媒体查询中设置的CSS规则，只在视口符合最小定义宽度条件时才会应用到网页。实际的最小宽度可以使用不同的长度单位指定，比如百分比、em、rem和px。在CSS中，最小宽度媒体查询是这样写的：

```
@media screen and (min-width: 50em) {
    /* 样式 */
}
```

`@media`指令告诉浏览器这里是一个媒体查询，`screen`（技术上讲，不需要在这里声明“屏幕”，具体细节请参考下一章）告诉浏览器这里的规则只适用于屏幕类型，而`and (min-width: 50em)`的意思是其中的规则只适用于视口宽度在50em以上的情况。

Bryan Rieger第一次指出（http://www.slideshare.net/bryanrieger/rethinking-the-mobile-web-by-yiibu）：

“没有媒体查询本身就是媒体查询。”

这句话的意思就是，我们在媒体查询外面写的第一条规则，实际上是针对所有媒体的“基本”样式。在此基础上，可以再针对不同能力的设备加以扩展。

现在，只要知道应该以最小屏幕为起点，然后再根据需求渐进扩充视觉和功能即可。

针对更大的屏幕做修改

我们知道，视口宽度达到600像素（或37.5rem）时，布局就会显得很难看。下面我们再通过一个例子，来展示怎么根据视口大小实现不同的布局。

基本上所有浏览器默认的文本大小都是16像素，因此用像素值除以16就可以得到rem值。第2章会进一步介绍为什么需要这样做。

首先，不让题图太大，而是把它挪到右侧去。然后把介绍文字放在图的左侧。

然后，再把主要的文本内容，也就是如何制作松饼的方法，放在位于右侧带框线的配料表左下方。

这些样式调整都可以封装到一个媒体查询当中。下图就是调整之后的效果。

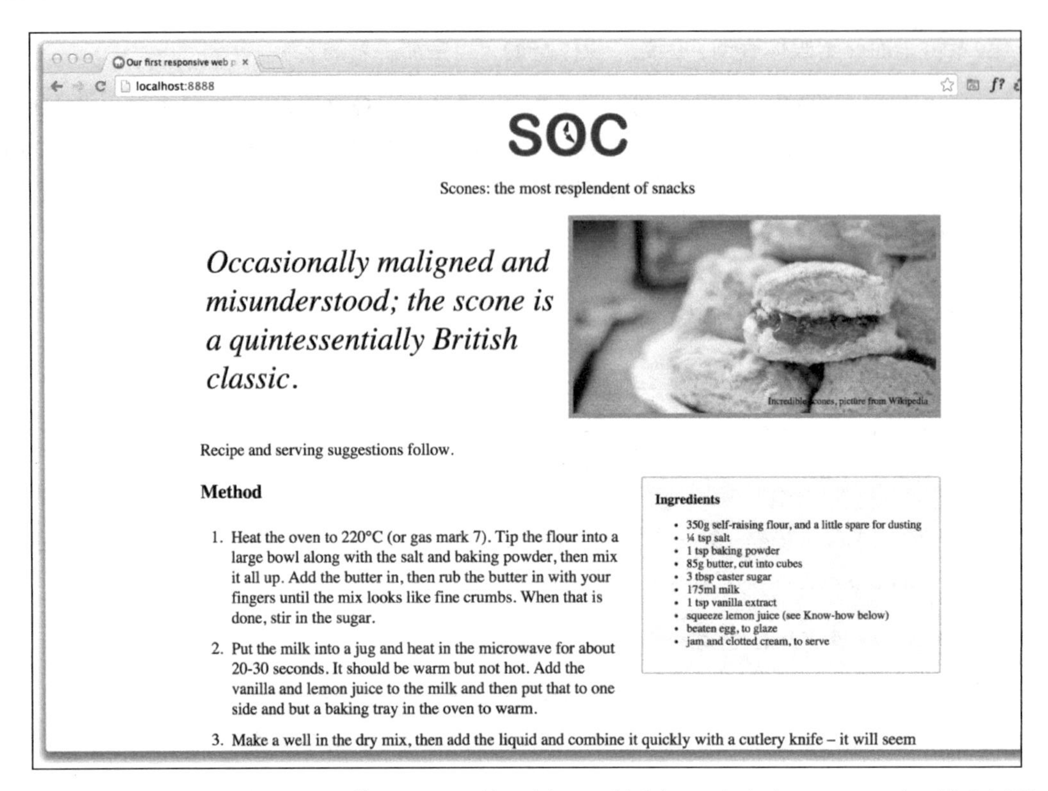

完成之后的页面在较小的屏幕上还和以前一样，只是在视口宽度大于50rem时，就会调整为新的布局。

以下是我们添加的布局样式：

```
@media screen and (min-width: 50rem) {
    .IntroWrapper {
        display: table;
        table-layout: fixed;
        width: 100%;
    }

    .MoneyShot,
    .IntroText {
        display: table-cell;
        width: 50%;
        vertical-align: middle;
        text-align: center;
    }

    .IntroText {
        padding: .5rem;
        font-size: 2.5rem;
        text-align: left;
```

```
    }

    .Ingredients {
        font-size: .9rem;
        float: right;
        padding: 1rem;
        margin: 0 0 .5rem 1rem;
        border-radius: 3px;
        background-color: #ffffdf;
        border: 2px solid #e8cfa9;
    }

    .Ingredients h3 {
        margin: 0;
    }
}
```

还算不错，是吧？只用了少量代码，就让页面实现了对视口宽度变化的响应，为用户呈现了更实用的外观。有了这些媒体查询样式，在iPhone上我们看到的页面如下：

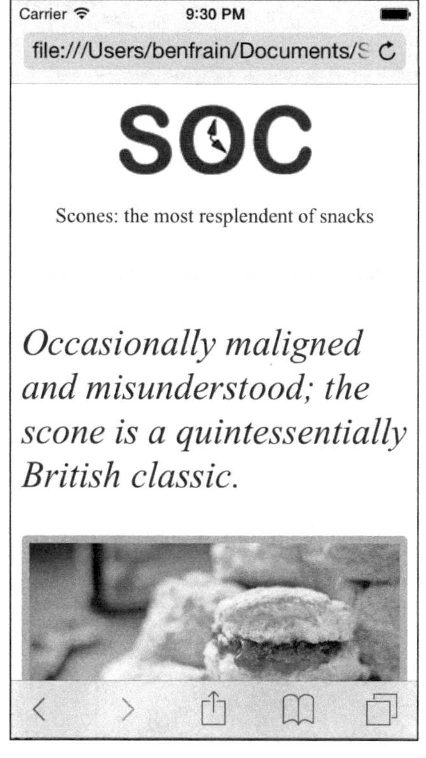

而在50rem宽时，页面效果如下：

SOC

Scones: the most resplendent of snacks

Occasionally maligned and misunderstood; the scone is a quintessentially British classic.

Recipe and serving suggestions follow.

Method

1. Heat the oven to 220°C (or gas mark 7). Tip the flour into a large bowl along with the salt and baking powder, then mix it all up. Add the butter in, then rub the butter in with your fingers until the mix looks like fine crumbs. When that is done, stir in the sugar.

Ingredients

- 350g self-raising flour, and a little spare for dusting
- ¼ tsp salt
- 1 tsp baking powder
- 85g butter, cut into cubes
- 3 tbsp caster sugar
- 175ml milk
- 1 tsp vanilla extract
- squeeze lemon juice (see Know-how below)
- beaten egg, to glaze
- jam and clotted cream, to serve

2. Put the milk into a jug and heat in the microwave for about 20-30 seconds. It should be warm but not hot. Add the vanilla and lemon juice to the milk and then put that to one side and but a baking tray in the oven to warm.

添加更多装饰对我们理解什么是渐进增强并没有什么意义，因此这里就省略了。如果你想查看相关代码，可以解压下载的示例代码。

虽然这个例子本身很简单，但它已经涵盖了响应式Web设计的基本方法。

总结一下我们介绍的基本内容。首先是“基本的”样式，它适用于任何设备。在这个样式基础上，我们再为不同视口、不同能力的设备，渐进增加不同的视觉效果和功能。

CSS媒体查询的（3级）规范在这里：https://www.w3.org/TR/css3-media-queries/。

还有一个CSS媒体查询（4级）的草案：http://dev.w3.org/csswg/media-queries-4/。

1.5 示例的不足之处

本章介绍了使用HTML5和CSS3实现响应式Web设计相关的所有基本要素。

我们都知道，前面的示例远远不能涵盖我们想要实现的目标，同样也不代表我们只能做到这些。

如果我们想让网页响应环境光线的变化呢？如果我们想在用户使用不同输入设备（手指而不是鼠标）时改变链接大小呢？如果我们想只用CSS实现动画和元素移动效果呢？

还有标记。怎么使用标记来构建页面，才能保证所有元素都具有语义，比如`article`、`section`、`menu`，或者怎么让表单内置支持验证（不需要JavaScript参与）？怎么实现在不同视口中修改元素显示的次序呢？

别忘了图片。这个示例中使用了弹性图片，可是如果用户使用手机查看页面，那么他会下载一个很大的图片（至少2000像素以上），而在屏幕上又只能缩成几分之一显示。这样页面会显得很卡。还有更好的办法吗？

还有LOGO和图标呢。这个示例使用的是PNG图片，但使用SVG（Scalable Vector Graphics，可伸缩矢量图）可以简单地适用各种分辨率。SVG图形看起来非常清晰，无论使用什么屏幕。

好在你还在看这本书，这些问题的答案将在后续章节中陆续揭晓。

1.6 小结

收获不小吧，这一章让你了解响应式Web设计相关的所有基本要素。不过，正像我们刚刚说过的，还有很多方面存在不小的改进空间。

其实还不够，因为我们不只想要掌握响应式Web设计的全部技能，更想给用户提供最刺激的体验。所以还得继续学习。

首先，我们必须知道CSS媒体查询的3级和4级标准都提供了哪些特性。我们看到了怎么让网页响应视口宽度变化，但我们可以做的远远不止这一点，稍后还将有更精彩的内容纷至沓来。赶紧翻到下一章去看看吧。

第 2 章

媒体查询

上一章，我们快速地介绍了响应式网页相关的基本要素：弹性布局、弹性图片和媒体查询。

本章详尽介绍媒体查询，希望大家能完全掌握它的能力、语法及未来动向。

本章内容：

- 为什么响应式Web设计需要媒体查询
- 媒体查询的语法
- 如何在`link`标签、`@import`语句和CSS文件中使用媒体查询
- 可供测试的设备特性
- 使用媒体查询根据屏幕空间大小调整视觉效果
- 应该把媒体查询写在一块，还是哪里需要写在哪里
- 理解`meta`视口标签如何针对iOS和安卓设备启用媒体查询
- 媒体查询未来可能拥有什么特性

CSS3规范分成很多模块，媒体查询（3级）只是其中一个模块。利用媒体查询，可以根据设备的能力应用特定的CSS样式。比如，可以根据视口宽度、屏幕宽高比和朝向（水平还是垂直）等，只用几行CSS代码就改变内容的显示方式。

媒体查询得到了广泛实现。除了古老的IE（8及以下版本），几乎所有浏览器都支持它。一句话，没有理由不用它！

W3C制定规范要走一个批准流程。如果有空，可以读读他们的官方流程文档：https://www.w3.org/2005/10/Process-20051014/tr。简单来说，所有规范都从WD（Working Draft，工作草案）开始，然后是CR（Candidate Recommendation，候选推荐），接着是PR（Proposed Recommendation，建议推荐），几年后才能成为W3C REC（Recommendation，推荐标准）。处于较成熟阶段的模块，通常使用起来也比较安全。比如，CSS Transforms Module Level 3（http://www.w3.org/TR/css3-3d-transforms/）在2009年3月就进入了WD阶段，但浏览器对它的支持度比处于CR阶段的媒体查询等模块差得多。

2.1 为什么响应式Web设计需要媒体查询

CSS3媒体查询可以让我们针对特定的设备能力或条件为网页应用特定的CSS样式。翻开W3C的CSS3媒体查询模块的规范（https://www.w3.org/TR/css3-mediaqueries/），可以看到官方给媒体查询下的定义：

> “媒体查询包含媒体类型和零个或多个检测媒体特性的表达式。width、height和color都是可用于媒体查询的特性。使用媒体查询，可以不必修改内容本身，而让网页适配不同的设备。”

如果没有媒体查询，光用CSS是无法大大修改网页外观的。这个模块让我们可以提前编写出适应很多不可预测因素的CSS规则，比如屏幕方向水平或垂直、视口或大或小，等等。

弹性布局虽然可以让设计适应较多场景，也包括某些尺寸的屏幕，但有时候确实不够用，因为我们还需要对布局进行更细致的调整。媒体查询让这一切成为可能，它就相当于CSS中基本的条件逻辑。

CSS中基本的条件逻辑

真正的编程语言都有相应的语法构造处理一个或多个条件分支。这时候通常指的就是条件逻辑，比如if/else语句。

如果提到编程你就心塞，大可不必！这里要讲的只一个非常简单的概念。日常生活中，你可能会在朋友排队买咖啡时这么跟他说：“如果他们有三重巧克力松饼，给我买一份；如果没有，就给我买一份胡萝卜蛋糕。”这就是有两种可能结果的条件语句。

在写作本书时，CSS并不支持真正的条件逻辑或可编程特性。循环、函数、迭代和复杂的数学计算仍然只可能在CSS预处理器中看到（我可曾提过一本不错的专门讲Sass预处理器的书——《Sass和Compass设计师指南》？）。不过，媒体查询确实具有在CSS中实现条件逻辑的能力。使用媒体查询，其中的样式只在某些条件具备的情况下才会被应用。

可编程的方式会有的

CSS预处理器的流行已经引起CSS规范编写者的注意。目前已经有了一个关于CSS变量的WD：https://www.w3.org/TR/css-variables/。

不过，现在只有Firefox支持这个建议，因此还不具备普遍意义。

2.2 媒体查询的语法

说了那么多，媒体查询的语法是什么样的，还有更重要的，媒体查询怎么起作用呢？

在任何CSS文件的最后输入以下代码，然后打开引用该CSS文件的网页看看效果。如果不想写代码，也可以直接打开本书示例example_02-01：

```
body {
    background-color: grey;
}

@media screen and (min-width: 320px) {
  body {
    background-color: green;
  }
}
@media screen and (min-width: 550px) {
  body {
    background-color: yellow;
  }
}
@media screen and (min-width: 768px) {
  body {
    background-color: orange;
  }
}
@media screen and (min-width: 960px) {
  body {
    background-color: red;
  }
}
```

好了，在浏览器中打开网页，缩放窗口并看看效果。页面的背景颜色会随着当前视口大小的变化而变化。稍后我们会介绍这些语法如何起作用。但首先，关键是得知道如何以及在哪里可以使用媒体查询。

在 `link` 标签中使用媒体查询

从CSS2开始接触CSS的读者都知道，可以在`<link>`标签的`media`属性中指定设备类型（`screen`或`print`），为不同设备应用样式表。看一个例子（可以把它放在`<head>`标签中）：

```
<link rel="stylesheet" type="text/css" media="screen" href="screenstyles.
css">
```

媒体查询更进一步，不仅可以指定设备类型，还能指定设备的能力和特性。可以将其想象为对浏览器的询问。如果浏览器回答“是”，那么就会应用对应的样式表。如果浏览器回答“否”，就不会应用。除了问浏览器：“你是在有屏幕的设备上吗？”（CSS2里只能如此），媒体查询可以问更多细节，比如可以问：“你是在有屏幕的设备上，而且设备是垂直朝向的吗？”下面看看代码：

```
<link rel="stylesheet" media="screen and (orientation: portrait)"
href="portrait-screen.css" />
```


首先，媒体查询表达式询问了设备的类型（是屏幕设备吗？），然后又询问特性（你的屏幕是垂直方向吗？）。显然，样式表portrait-screen.css会应用给任何有屏幕且屏幕方向垂直的设备，而不符合这两个条件的设备则不会获得其样式。如果在媒体查询表达式的开头添加一个not，就可以把询问的条件反过来。比如，以下代码的结果与前面的例子相反，只会将样式表应用给垂直朝向的非屏幕设备：

```
<link rel="stylesheet" media="not screen and (orientation: portrait)"
href="portrait-screen.css" />
```

2.3 组合媒体查询

可以将多个媒体查询串在一起。比如，在前面一个示例的基础上，可以进一步限制只把样式表应用给视口大于800像素的设备：

```
<link rel="stylesheet" media="screen and (orientation: portrait) and
(min-width: 800px)" href="800wide-portrait-screen.css" />
```

此外，可以组合多个媒体查询。只要其中任何一个媒体查询表达式为真，就会应用样式；如果没有一个为真，则样式表没用。下面看代码：

```
<link rel="stylesheet" media="screen and (orientation: portrait) and
(min-width: 800px), projection" href="800wide-portrait-screen.css" />
```

这里有两点需要强调一下。首先，逗号分隔每个媒体查询表达式。其次，在projection（投影机）之后没有任何特性/值对。这样省略特定的特性，表示适用于具备任何特性的该媒体类型。在这里，表示可以适用于任何投影机。

没错，任何CSS长度单位都可以用来指定媒体查询的条件。像素（px）是最常用的，而em或rem也都可以用。要了解这些单位的更多信息，可以参考我的一篇文章：http://benfrain.com/just-use-pixels。

假设你想在800像素处设置断点，但又想用em单位，可以用800除以16，就是50em。

2.3.1 `@import` 与媒体查询

可以在使用`@import`导入CSS时使用媒体查询，有条件地向当前样式表中加载其他样式表。比如，以下代码会导入样式表phone.css，但条件是必须是屏幕设备，而且视口不超过360像素：

```
@import url("phone.css") screen and (max-width:360px);
```

记住，使用CSS中的`@import`会增加HTTP请求（进而影响加载速度），因此请慎用。

2.3.2 在 CSS 中使用媒体查询

前面我们介绍了在`<head>`标签中引入CSS文件，以及通过`@import`引入CSS文件时使用媒体查询，这两种方式都是链接样式的场景。但更常见的是在CSS文件内部直接使用媒体查询。比如，如果把以下代码包含进一个样式表，它会在屏幕设备的宽度为400像素及以下时把所有`h1`元素变成绿色：

```
@media screen and (max-device-width: 400px) {
  h1 { color: green }
}
```

首先使用`@media`规则声明这是一个媒体查询，然后指定匹配的设备类型。在前面的例子中，我们想把后面的样式应用给屏幕设备（而不是打印设备，即`print`）。然后在后面的括号中，进一步指定查询条件。最后，跟编写其他样式一样，把CSS规则写在一对花括号中。

此时此刻，我得敬告各位：多数情况下，并不需要指定`screen`。为什么呢？大家看规范是怎么说的：

> “在针对所有设备的媒体查询中，可以使用简写语法，即省略关键字`all`（以及紧随其后的`and`）。换句话说，如果不指定关键字，则关键字就是`all`。”

因此，除非你真的想针对特定的媒体类型应用样式，否则就不要写`screen and`了。后面的例子都会这么做。

2.3.3 媒体查询可以测试哪些特性

在响应式设计中，媒体查询中用得最多的特性是视口宽度（`width`）。就我个人的经验来看，很少需要用到其他设备特性（偶尔会用到分辨率和视口高度）。不过，为以防万一，这里还是给出了媒体查询3级规定的所有可用特性。但愿其中有些特性能引起你的兴趣。

- `width`：视口宽度。
- `height`：视口高度。
- `device-width`：渲染表面的宽度（可以认为是设备屏幕的宽度）。

- device-height：渲染表面的高度（可以认为是设备屏幕的高度）。
- orientation：设备方向是水平还是垂直。
- aspect-ratio：视口的宽高比。16：9的宽屏显示器可以写成aspect-ratio:16/9。
- color：颜色组分的位深。比如min-color:16表示设备至少支持16位深。
- color-index：设备颜色查找表中的条目数，值必须是数值，且不能为负。
- monochrome：单色帧缓冲中表示每个像素的位数，值必须是数值（整数），比如monochrome: 2，且不能为负。
- resolution：屏幕或打印分辨率，比如min-resolution: 300dpi。也可以接受每厘米多少点，比如min-resolution: 118dpcm。
- scan：针对电视的逐行扫描（progressive）和隔行扫描（interlace）。例如720p HD TV（720p中的p表示progressive，即逐行）可以使用scan: progressive来判断；而1080i HD TV（1080i中的i表示interlace，即隔行）可以使用scan: interlace来判断。
- grid：设备基于栅格还是位图。

上面列表中的特性，除scan和grid外，都可以加上min或max前缀以指定范围。看看下面的代码：

```
@import url("tiny.css") screen and (min-width:200px) and (max-width:
360px);
```

这里使用最大宽度（max-width）和最小宽度（min-width）设定了范围。因此，tiny.css只在设备视口介于200像素和360像素之间时才会被应用。

CSS媒体查询4级中废弃的特性

CSS媒体查询4级草案中废弃了一些特性，特别是device-height、device-width和device-aspect-ratio（参见：https://drafts.csswg.org/mediaqueries-4/#mf-deprecated）。虽然已经支持它们的浏览器还会继续支持，但不建议在新写的样式表中再使用它们。

2.4　通过媒体查询修改设计

从原理上讲，位于下方的CSS样式会覆盖位于上方的目标相同的CSS样式，除非上方的选择符优先级更高或者更具体。因此，可以在一开始设置一套基准样式，将其应用给不同版本的设计方案。这套样式表确保用户的基准体验。然后再通过媒体查询覆盖样式表中相关的部分。比如，如果是在一个很小的视口中，可以只显示文本导航（或者用较小的字号），然后对于拥有较大空间的较大视口，则通过媒体查询为文本导航加上图标。

现在我们就看一个实际的例子（example_02-02）。首先是标记：

```
<a href="#" class="CardLink CardLink_Hearts">Hearts</a>
<a href="#" class="CardLink CardLink_Clubs">Clubs</a>
<a href="#" class="CardLink CardLink_Spades">Spades</a>
<a href="#" class="CardLink CardLink_Diamonds">Diamonds</a>
```

接下来是CSS：

```
.CardLink {
    display: block;
    color: #666;
    text-shadow: 0 2px 0 #efefef;
    text-decoration: none;
    height: 2.75rem;
    line-height: 2.75rem;
    border-bottom: 1px solid #bbb;
    position: relative;
}

@media (min-width: 300px) {
    .CardLink {
        padding-left: 1.8rem;
        font-size: 1.6rem;
    }
}

.CardLink:before {
    display: none;
    position: absolute;
    top: 50%;
    transform: translateY(-50%);
    left: 0;
}

.CardLink_Hearts:before {
    content: "♥";
}

.CardLink_Clubs:before {
    content: "♣";
}

.CardLink_Spades:before {
    content: "♠";
}

.CardLink_Diamonds:before {
    content: "♦";
}

@media (min-width: 300px) {
    .CardLink:before {
        display: block;
    }
}
```

下载示例代码

如果你在Packt出版社购买了本书，可以登录你的账号下载本书示例代码：http://www.packtpub.com。如果你是在别处买的，请访问：http://www.packtpub.com/support，然后注册并通过电子邮箱接收示例代码。

小视口下的效果如下图所示：

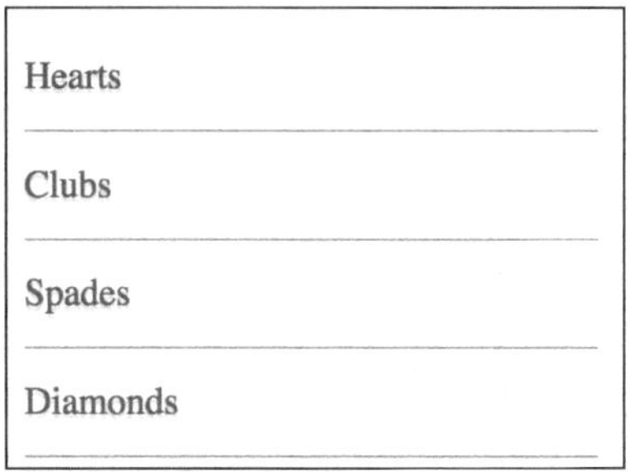

Hearts
Clubs
Spades
Diamonds

以下则是大视口中的效果：

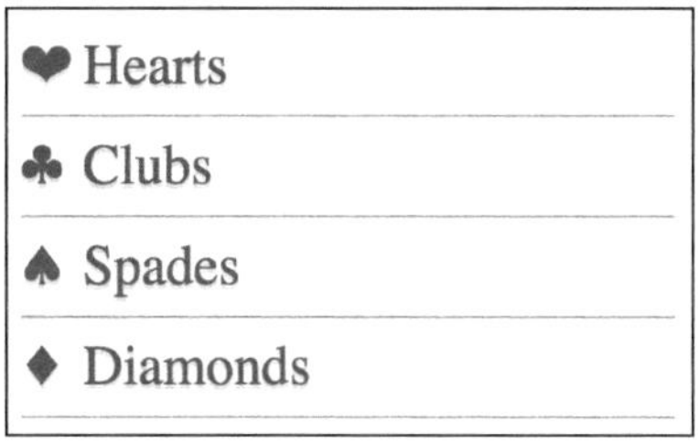

❤ Hearts
♣ Clubs
♠ Spades
♦ Diamonds

2.4.1 任何 CSS 都可以放在媒体查询里

要知道，正常情况下我们编写的任何CSS样式，都可以放在媒体查询里。因此，使用媒体查询可以从整体上修改一个网站的布局和外观（通常针对不同的视口大小）。

2.4.2 针对高分辨率设备的媒体查询

媒体查询的一个常见的使用场景，就是针对高分辨率设备编写特殊样式。比如：

```
@media (min-resolution: 2dppx) {
    /* 样式 */
}
```

这里的媒体查询只针对每像素单位为2点（2dppx）的屏幕。类似的设备有iPhone 4的视网膜屏，以及其他很多高清屏的安卓机。减小dppx值，可以扩大这个媒体查询的适用范围。

为支持更广泛的设备，在使用min-resolution属性时，需要加上适当的浏览器前缀，可以使用工具自动完成。不知道什么是浏览器前缀？下一章我们会详细介绍。

2.5　组织和编写媒体查询的注意事项

在这里，我们插一部分，谈谈在编写和组织媒体查询的时候都有哪些方式方法。这些方式方法各有利弊，但至少我们应该知道它们，至于是否采用，那就是另一回事了。

2.5.1　使用媒体查询链接不同的CSS文件

从浏览器的角度看，CSS属于“阻塞渲染”的资源。换句话说，浏览器需要下载并解析链接的CSS文件，然后再渲染页面。

不过，现代浏览器都很聪明，知道哪些样式表（在头部通过媒体查询链接的样式表）必须立即分析，而哪些样式可以等到页面初始渲染结束后再处理。

在这些浏览器看来，不符合媒体查询指定条件（比如屏幕比媒体查询指定的小）的CSS文件可以延缓执行（deferred），到页面初始加载后再处理，以便让用户感觉页面加载速度更快。

关于这方面内容，可以参考谷歌开发者网站的文章“阻塞渲染的CSS”[①]：https://developers.google.com/web/fundamentals/performance/critical-rendering-path/render-blocking-css（短链接：http://t.cn/Rqn0XEt）。

我想重点向大家介绍这一段：

> “请注意，「阻塞渲染」仅是指该资源是否会暂停浏览器的首次页面渲染。无论CSS是否阻塞渲染，CSS资源都会被下载，只是说非阻塞性资源的优先级比较低而已。”

再强调一次，所有链接的文件都会被下载下来，只是如果有的文件不必立即应用，那浏览器就不会让它影响页面的渲染。

因此，如果浏览器要加载的响应式页面（参见example_02-03）通过不同的媒体查询链接了4个不同的样式表（分别为不同视口的设备应用样式），那它就会下载4个CSS文件，但在渲染页面之前，它只会解析那个针对当前视口大小的样式表。

① Sam Chen（http://www.zfanw.com/blog/）中文翻译版，这里引用的文字直接采用了他的译文。——译者注

2.5.2 分隔媒体查询的利弊

编写多个媒体查询分别对应不同的样式表虽然有好处，但有时候也不一定（不算个人喜好或代码分工的需要）。

多一个文件就要多一次HTTP请求，在某些条件下，HTTP请求多了会明显影响页面加载速度。Web开发可不是件容易的事儿！此时应该关注的是网站的整体性能，最好在不同设备上对不同的情形都做相应测试，比较之后再决定。

我对这件事的看法是，除非有充裕的时间让你去做性能优化，否则我一般都不会指望在这方面获取性能提升。我会首先确认：

- 所有图片都压缩过了；
- 所有脚本都拼接和缩短了；
- 所有资源都采用了gzip压缩；
- 所有静态内容都缓存到了CDN；
- 所有多余的CSS规则都被清除了。

之后，我才可能会考虑，为了再提升一些性能，是否需要把媒体查询分隔开，让它们分别引用不同的CSS文件。

gzip是一种压缩和解压缩的文件格式。主流一点的服务器都支持gzip压缩CSS，从而让服务器发送给设备的文件明显“瘦身”（到了设备之后，再解压缩成原来的格式）。关于gzip的更多信息，请参考维基百科：https://en.wikipedia.org/wiki/Gzip。

2.5.3 把媒体查询写在常规样式表中

除非在极端情况下，否则我都建议在既有的样式表中写媒体查询，跟常规的规则写在一起。

如果你也是这样想的，那么还有一个问题需要考虑：是该把媒体查询声明在相关的选择符下面，还是该把相同的媒体查询并列起来，每个媒体查询单独一块？这个问题问得好啊。

2.6 组合媒体查询还是把它们写在需要的地方

我个人喜欢把媒体查询写在需要它的地方。比如，我想根据视口大小在样式表中的几个地方改变几个元素的宽度，我会这样做：

```
.thing {
    width: 50%;
```

```
}

@media screen and (min-width: 30rem) {
    .thing {
        width: 75%;
    }
}

/* 这里是另外一些样式规则 */

.thing2 {
    width: 65%;
}

@media screen and (min-width: 30rem) {
    .thing2 {
        width: 75%;
    }
}
```

这样写看起来有点蠢，两个媒体查询的条件相同，都针对屏幕最小宽度为30rem的情况。像这样重复写两遍@media真的是冗余和浪费吗？难道不该把针对相同条件的CSS规则都组织到一个媒体查询块里吗？像这样：

```
.thing {
    width: 50%;
}

.thing2 {
    width: 65%;
}

@media screen and (min-width: 30rem) {
    .thing {
        width: 75%;
    }
    .thing2 {
        width: 75%;
    }
}
```

当然这也是一种方式。不过，从维护代码的角度看，这种写法不利于维护。当然两种写法都对，只是我比较倾向于针对某个选择符写一些规则，然后如果该规则需要视条件而变，那我就把相应的媒体查询紧接着写在它的下面。这样在需要查找与某个选择符相关的规则时，就不用再从一个一个的代码块里找了。

有了CSS预处理器和后处理器，这个做法还可以更简便，因为可以将某个规则的媒体查询“变体”直接嵌到规则当中。我的另一本书《Sass 和 Compass设计师指南》中专门有一节是写这方面的，大家可以参考。

对于这种写媒体查询的方式，你说它会造成冗余是绝对没错的。单从控制文件大小的角度说，难道这样写媒体查询的做法真的不可取吗？没错，谁也不希望CSS文件过度膨胀。但事实上gzip压缩（应该用它来压缩服务器上的所有可以压缩的资源）完全可以把差别降到可以忽略不计的程度。我之前做过很多这方面的测试，要是你有兴趣，可以看看：http://benfrain.com/inline-or-combined-media-queries-in-sass-fight/。总之，在标准样式之后紧接着写媒体查询，根本用不着担心文件大小。

如果你想在原始的规则后面直接写媒体查询，但希望把所有条件相同的媒体查询合并成一个，其实可以使用构建工具，比如在写作本书时Grunt和Gulp就有相关插件可以帮你做到这一点。

2.7 关于视口的`meta`标签

为了利用媒体查询，应该让小屏幕以其原生大小来显示网页，而不是先在980像素宽的窗口中渲染好，让用户去放大或缩小。

2007年，苹果在发布iPhone的时候，就引入了一个针对视口的`meta`标签。目前安卓机和其他手机基本都支持这个标签了。这个用于视口的`meta`标签，是网页与移动浏览器的接口。网页通过这个标签告诉移动浏览器，它希望浏览器如何渲染当前页面。

在可以预见的未来，任何响应式的希望在小屏幕设备上好好显示的网页，都必须添加这个`meta`标签。

在模拟器和仿真器中测试响应式设计

虽然最好是在真实的设备上测试，但有时候使用安卓仿真器和iOS模拟器更方便。

模拟器就是用于模拟相关设备的，而仿真器则会尝试实际地解释原始的设备代码。

安卓面向Windows、Linux和Mac提供了仿真器，都在可以免费下载安装的安卓SDK里：https://developer.android.com/sdk。

iOS模拟器只能为Mac OS X用户提供便利，包含在Xcode中（可以在Mac App Store中免费下载）。

浏览器通常也有不错的模拟移动设备的工具，一般在开发者工具里面。比如，Firefox和Chrome都支持模拟很多移动设备/视口。

这个视口`<meta>`标签应该放在HTML的`<head>`标签中。可以在其中设置具体的宽度（比如使用像素单位），或者设置一个比例（比如2.0，即实际大小的两倍）。下面这行代码设置以内容实际大小的两倍（百分之二百）显示：

```
<meta name="viewport" content="initial-scale=2.0,width=device-width"
/>
```

好，现在我们分析一下前面的<meta>标签。首先，name="viewport"表示针对视口，这不用说了。接着content="initial-scale=2.0"的意思是“把内容放大为实际大小的两倍”（0.5就是一半，3.0就是三倍）。最后，width=device-width告诉浏览器页面的宽度等于设备的宽度（width=device-width）。

通过这个<meta>标签还可以控制用户可以缩放页面的程度。下面的例子允许用户最大将页面放大到设备宽度的三倍，最小可以将页面缩小至设备宽度的一半。

```
<meta name="viewport" content="width=device-width, maximum-scale=3,
minimum-scale=0.5" />
```

甚至可以完全禁止用户缩放。虽然允许缩放是一个重要的无障碍特性，但现实当中很少有必要这么做：

```
<meta name="viewport" content="initial-scale=1.0, user-scalable=no" />
```

其中，user-scalable=no是禁止用户缩放的。

没错，我们把initial-scale又改回了1.0，意思是让移动浏览器在其视口的宽度中渲染网页。将width设置为device-width就是要在所有支持的移动浏览器中，以百分之百的视口宽度来渲染页面。大多数情况下，都可以使用这个meta标签：

```
<meta name="viewport" content="width=device-width,initial-scale=1.0"
/>
```

在看到视口meta标签被越来越多地使用之后，W3C尝试在CSS中引入能达到相同目的的特性，参考链接dev.w3.org/csswg/css-device-adapt/中关于新@viewport声明的内容。意思就是以后可以不用在<head>里写<meta>标签了，而是可以代之以在CSS中写@viewport { width:320px; }。这同样可以将浏览器宽度设置为320像素。不过，目前还没有多少浏览器支持这个CSS特性。考虑到面向未来，可以同时使用meta标签和@viewport声明。

现在，读者对什么是媒体查询以及如何使用媒体查询已经有了足够的了解了。在讨论另一个话题之前，我想让大家知道媒体查询的下一个版本会是什么样的。

2.8　媒体查询 4 级

在本书写作时，CSS媒体查询4级（CSS Media Queries Level 4）还是草案（http://dev.w3.org/

csswg/mediaqueries-4/），其中的新特性还没有多少浏览器支持。换句话说，虽然我们会在这里介绍它们，但将来它们很可能还会改变。请大家在真正使用这些新特性时，仔细研究一下浏览器支持情况以及语法是否正确。

目前来说，我们只想在这里介绍4级中的可编程（scripting）、指针与悬停、亮度（luminosity）。

2.8.1　可编程的媒体特性

通常，如果浏览器里没有JavaScript，我们会给某个HTML标签添加一个类，而在JavaScript出现时再替换该类。这样就可以根据这个HTML类来决定要加载什么代码（及CSS）。最常见的场景是通过这种方式为启用JavaScript的用户编写特有的CSS规则。

这个做法有时候会误导人。比如，默认情况下的HTML标签是这样的：

```
<html class="no-js">
```

如果JavaScript在这个页面中运行了，则它要做的第一件事就是替换这个类：

```
<html class="js">
```

然后，我们就可以只针对支持JavaScript的浏览器编写相应的样式了。比如：`.js .header { display: block; }`。

CSS媒体查询4级致力于为这个做法在CSS中提供更标准的实现方式：

```
@media (scripting: none) {
    /* 没有JavaScript时的样式 */
}
```

可以使用JavaScript时：

```
@media (scripting: enabled) {
    /* 有JavaScript时的样式 */
}
```

最后，这个新规范还为仅开始时可以使用JavaScript提供了一个值。规范中针对这个值给出的例子，就是打印页面时，一开始可以使用JavaScript来排版，然后就没有JavaScript可用了。此时，可以这样写CSS：

```
@media (scripting: initial-only) {
    /* JavaScript只在一开始有效的样式 */
}
```

可以通过以下链接看到这个特性的官方解释：https://dev.w3.org/csswg/mediaqueries-4/#mf-scripting。

2.8.2 交互媒体特性

以下是W3C对指针媒体特性的描述：

> “指针媒体特性用于查询鼠标之类的指针设备是否存在，以及存在时其精确的位置。如果设备有多种输入机制，指针媒体特性必须反映由用户代理决定的‘主’输入机制的特征。”

指针特性有三个值：`none`、`coarse`和`fine`。

`coarse`指针设备代表触摸屏设备中的手指。不过，这个值也可以是游戏机中的指针等不像鼠标那样能够提供精确控制的机制。

```
@media (pointer: coarse) {
    /* 针对coarse指针的样式 */
}
```

`fine`指针设备可能是鼠标，也可能是手写笔或其他未来可能出现的精确指针设备：

```
@media (pointer: fine) {
    /* 针对精确指针的样式 */
}
```

个人觉得，浏览器应该尽快实现这几个特性。这是因为目前还很难确切地知道用户是在使用鼠标，还是触摸，抑或两者都有，以及某一时刻他们在使用哪一种。

最保险的做法是假设用户在使用触摸屏设备，并相应地把界面元素调大。这样，即使用户使用的是鼠标，也不会影响体验。相反，如果你假设用户使用鼠标，又没有可靠的方式检测用户是否在触摸界面，则很可能把界面元素设计得偏小，从而影响用户体验。

关于面向触摸和指针开发的挑战，推荐大家看一看Patrick H. Lauke的幻灯片“Getting touchy”：https://patrickhlauke.github.io/getting-touchy-presentation/。

可以通过以下链接看到这个特性的官方解释：https://dev.w3.org/csswg/mediaqueries-4/#mf-interaction。

2.8.3 悬停媒体特性

顾名思义，悬停媒体特性就是用来测试用户是否可以通过某种机制实现在屏幕元素上悬停的。如果用户有多种输入机制（触摸或鼠标），则检测主输入机制。以下是这个特性的可能值和代码示例。

对于没有悬停能力的情况，可以通过`none`值检测：

```
@media (hover: none) {
```

```
    /* 针对不可悬停用户的样式 */
}
```

对于可以悬停但必须经过一定启动步骤的用户，可以使用on-demand：

```
@media (hover: on-demand) {
    /* 针对可通过启用程序实现悬停用户的样式 */
}
```


对于可以悬停的用户，可以使用hover：

```
@media (hover) {
    /* 针对可悬停用户的样式 */
}
```

另外，还有any-pointer和any-hover媒体特性。这两个特性与前面的pointer和hover类似，只不过测试的不光是主输入机制，而是任意可能的输入设备。

2.8.4 环境媒体特性

要是能根据用户的环境来改变设计多好啊！比如，根据环境光线的亮度。这样，如果用户身处光线很暗的房间，我们可以相应减小所用颜色的亮度值。或者相反，在光线充足的环境里，提高亮度。环境媒体属性就是为解决这个问题而生的。看下面的例子：

```
@media (light-level: normal) {
    /* 针对标准亮度的样式 */
}
@media (light-level: dim) {
    /* 针对暗光线条件的样式 */
}
@media (light-level: washed) {
    /* 针对强光线条件的样式 */
}
```

4级媒体查询尚未得到广泛支持，而且规范本身还有可能变动。不过，了解未来几年可能有什么新特性可以使用还是有必要的。

可以通过以下链接看到这个特性的官方解释：https://dev.w3.org/csswg/mediaqueries-4/#mf-environment。

2.9 小结

本章学习了CSS3媒体查询，以及如何在CSS文件中包含媒体查询和通过它实现响应式的Web设计。另外，我们还学习了如何使用meta标签限制浏览器如何渲染页面。

通过学习，我们知道仅有媒体查询只能实现可适配的Web设计，即从一种布局到另一种布局的切换。为了实现最终的目标，还必须利用流式布局，以便设计可以在不同断点之间或媒体查询处理范围外弹性适应。创建弹性布局让媒体查询断点间的过渡更平滑，这正是下一章的主题。

第3章 弹性布局与响应式图片

很久以前，混沌初开之际（大约公元20世纪90年代末），网站的宽度大都以百分比形式定义。百分比布局使得网页宽度能够随着查看它们的屏幕窗口大小变化，因而得名弹性布局。

几年后，在大约2005年到2010年，出现了一股固定宽度设计的风潮（我非常讨厌那些有“像素级精度设计”强迫症的平面设计师）。如今，我们要做响应式设计了，又得回头捡起弹性布局设计，想想它们的好处。

上一章最后，我们达成一个共识，即媒体查询虽然可以让我们根据视口大小分别切换不同的样式，但我们的设计在这些“断点”之间必须要平滑过渡才行。而使用弹性布局就可以轻松解决这个问题，实现设计在媒体查询断点间的平滑过渡。

2015年，我们有了写响应式网站的更好的手段。CSS推出了一个新的布局模块叫“弹性盒子”（Flexbox），已经有很多浏览器都支持，可以在日常开发中使用了。

除了用于实现弹性布局，Flexbox还可以用来居中内容，改变标记中的源码顺序，创建令人惊艳的页面布局。本章主要篇幅用于讨论Flexbox，以及它提供的强大功能。

响应式设计还有一个重要组成部分：响应式图片，今天同样可以更好地实现了。现在，已经有了专门的方法为特定设备视口发送特定的图片。本章将在3.4节介绍响应式图片的原理，以及如何让它们为我所用。

本章内容：

- 将固定像素大小转换为比例大小
- 已有CSS布局机制及其不足之处
- 理解Flexible Box Layout Module及其优点
- 实现分辨率切换以及响应式图片的正确方法

3.1 将固定像素大小转换为弹性比例大小

Photoshop、Illustrator、（令人怀念的）Fireworks以及Sketch等图形图像软件做出来的图都是以固定像素来衡量大小的。开发者如果要在弹性布局中使用这些图，有时候需要将固定像素大小转换为比例大小。

这个转换有一个简单的公式，由响应式设计之父Ethan Marcotte在他2009年的文章“Fluid Grids”（http://alistapart.com/article/FLUIDGRIDS）中给出：

结果 = 目标/上下文

如果看到数学公式你就头疼，可以这么想：用元素的大小除以元素所在容器的大小。下面再结合实践来加深一下理解。理解了这个转换，就可以将任何固定大小布局转换成响应式或弹性布局。

我们以一个为桌面浏览器设计的简单页面为例。理想情况下，应该从小屏幕设计向桌面设计转换。但为了演示比例，这里反流程来做。

下面是一张布局图：

这个布局宽度为960像素，但页头和页脚都是与屏幕一样宽的。左侧边栏宽度是200像素，右

侧边栏宽度是100像素。我这个一提数学就蒙的脑袋，都可以算出中间区块的宽度是660像素。我们的目标是把左中右区块由固定像素大小转换为比例大小。

先转换左边栏。左边栏宽度为200单位（目标），用960单位（上下文）来除，结果是0.208333333。好了，在使用前面的公式得到目标与上下文相除的结果后，都需要把小数点向右移两位。于是我们得到了20.8333333%。这个比例就是200像素占960像素的比例。

好，那中间区域呢？660（目标）除以960（上下文），得到0.6875。小数点向右移两位再加上百分号就是68.75%。最后是右边栏。100（目标）除以960（上下文）得到0.104166667。小数点右移两位加百分号得到10.4166667%。超简单吧？跟我说：目标除以上下文等于结果。

为了证明以上计算结果，下面我们就简单写一个布局，大家可以参考example_03-01。HTML代码如下：

```
<div class="Wrap">
    <div class="Header"></div>
    <div class="WrapMiddle">
        <div class="Left"></div>
        <div class="Middle"></div>
        <div class="Right"></div>
    </div>
    <div class="Footer"></div>
</div>
```

CSS如下：

```
html,
body {
    margin: 0;
    padding: 0;
}

.Wrap {
    max-width: 1400px;
    margin: 0 auto;
}

.Header {
    width: 100%;
    height: 130px;
    background-color: #038C5A;
}

.WrapMiddle {
    width: 100%;
    font-size: 0;
}

.Left {
    height: 625px;
```

```
        width: 20.8333333%;
        background-color: #03A66A;
        display: inline-block;
    }

    .Middle {
        height: 625px;
        width: 68.75%;
        background-color: #bbbf90;
        display: inline-block;
    }

    .Right {
        height: 625px;
        width: 10.4166667%;
        background-color: #03A66A;
        display: inline-block;
    }

    .Footer {
        height: 200px;
        width: 100%;
        background-color: #025059;
    }
```

3

如果你在浏览器中打开这个示例页面，然后改变窗口大小，就会发现中间区块会一直与左右边栏成比例缩放。当然，也可以修改这里.Wrap元素的max-width值（这里是1400像素），大一点或小一点都试一下。

有人可能会说，为什么你这里没有使用header、footer和aside这些语义化标记呢？别急，第4章我们再详细讨论HTML5为我们提供的语义化标记。

现在我们看一看同样的内容在较小的屏幕上收缩到一定宽度时，是怎么变成我们之前看到的布局的。这个布局的最终代码请参考example_03-02。

对于小屏幕，核心思想就是把内容显示在一根长条里。此时左边栏会作为“画外元素”存在，通常用于保存菜单导航之类的内容，只有当用户点击了某个菜单图标时才会滑入屏幕。主内容区位于页头下方，而右边栏又在主内容区下方，最后是页脚区。对这个例子而言，我们可以让用户点击屏幕中某个区域来显示左边栏中的菜单。在真实的开发中，需要在布局的某处放一个菜单按钮或图标，以便用户触发边栏菜单显示出来（这个例子需要点击页头区域）。

为了切换文档主体的类，我使用一些JavaScript代码。因为这里只是示例，而非真正的“产品”，所以使用了点击事件。如果是产品，那应该考虑触摸事件的一些问题（比如去掉iOS设备存在的300ms的延迟）。

可想而知，如果把这些技巧跟我们刚刚掌握的媒体查询结合起来，就可以实现设计的响应式变化了。不仅可以从一种布局平滑切换到另一种布局，而且可以实现两种布局同时伸缩的效果。

这里没有列出全部的CSS代码，全部代码可以参考example_03-02。以下只是针对左边栏区块的CSS：

```
.Left {
    height: 625px;
    background-color: #03A66A;
    display: inline-block;
    position: absolute;
    left: -200px;
    width: 200px;
    font-size: .9rem;
    transition: transform .3s;
}

@media (min-width: 40rem) {
    .Left {
        width: 20.8333333%;
        left: 0;
        position: relative;
    }
}
```

首先，在没有媒体查询介入的情况下，只是一个小屏幕布局。然后，随着屏幕变大，宽度变成比例值，定位方式变成相对定位，`left`值被设为0。不需要重写`height`、`display`或`background-color`属性，因为不需要修改它们。

我们又前进了一步。这里综合运用了两个响应式Web设计的核心技术：将固定大小转换为比例大小，以及使用媒体查询相对于视口大小应用CSS规则。

关于前面的例子，还有两点特别值得注意。一是比例值的小数点后面是否真有必要带那么多数字。尽管宽度本身最终会被浏览器转换为像素，但保留这些位数有助于将来的计算精确（比如嵌套元素中更精确的计算）。因此我保留小数点后面的所有位数。

二是在实际的项目中要考虑JavaScript不可用的情况，此时也应该保证用户能看到菜单内容。相应的细节将在第8章讨论。

3.1.1　为什么需要 Flexbox

现在，我们准备学习CSS Flexible Box Layout，也就是常说的Flexbox。

不过在此之前，有必要先检讨一下既有布局技术，比如行内块、浮动以及表格的缺点。

3.1.2 行内块与空白

使用行内块（inline-block）来布局的最大问题，就是它会在HTML元素间渲染空白。这不是bug（尽管多数开发者都希望能有一种得体的方式去掉空白），但在多余时却需要人们想一些奇怪的办法去掉它，对我来说95%的时间里它都是多余的。相应的对策也不少，比如像前面的例子中使用大小为零的`font-size`，当然这个方法也有它自己的问题和局限性。这里我们就不尝试列出所有可能的解决方案了，关于如何去掉使用行内块时产生的空白，大家可以参考“无法阻挡”的Chris Coyier的这篇文章：http://css-tricks.com/fighting-the-space-between-inline-block-elements/。

另外要说明一下，在行内块中垂直居中内容也不容易。而且，使用行内块，也做不到让两个相邻的元素一个宽度固定，另一个填充剩余空间。

3.1.3 浮动

我不喜欢浮动，真的不喜欢。尽管浮动布局跨平台一致性很好，但还是有两个让人难以释怀的缺点。

第一个，如果给浮动元素的宽度设定百分比，那么最终计算值在不同平台上的结果不一样（有的浏览器向上取整，有的浏览器向下取整）。于是，有时候某些区块会跑到其他区块底下，而有时候这些区块一侧又会莫名出现一块明显的间隙。

第二个，通常都要清除浮动，才能避免父盒子/元素折叠。虽然很容易做，但每次清除都相当于在提醒我们：浮动并非一个地道的布局机制。

3.1.4 表格与表元

别把`display:table`和`display:table-cell`与对应的HTML元素搞混！这两个CSS属性只是用于模仿它们的好兄弟的。实际上，它们不会真正影响HTML的结构。

我知道CSS表格布局的很多实用之处。比如，跨平台绝对一致，而且能做到一个元素在另一个元素内垂直居中。而且，设置为`display:table-cell`的元素在设置为`display:table`的元素中产生的间距恰到好处。它们不像浮动元素那样存在舍入差。而且，用它们可以向后兼容IE7！

可是，限制也不少。总体上说，需要在每个项目外面包一层（要想完美地垂直居中，表元必须被包在一个表格元素中）。另外，也不可能把设置为`display:table-cell`的项目包到多行上。

一句话，现有的所有布局方法都存在严重缺陷。好在，终于有了一种CSS布局方法可以解决这些问题，而且还能做得更好。来，敲起鼓来打起锣，欢迎Flexbox登场。

3.2 Flexbox 概述

Flexbox可以解决前面提到的显示机制的问题，关于它的超能力，可以概括如下：

- 方便地垂直居中内容
- 改变元素的视觉次序
- 在盒子里自动插入空白以及对齐元素，自动对齐元素间的空白
- 让你年轻10岁（也许没那么夸张，但以我有限的经验来看，它能减少你不少压力）

3.2.1 Flexbox 三级跳

在达到今天相对稳定的版本之前，Flexbox经过了几次重大的迭代。从2009年版（https://www.w3.org/TR/2009/WD-css3-flexbox-20090723/）到2011年版（https://www.w3.org/TR/2011/WD-css3-flexbox-20111129/），再到我们例子中用到的2014年版（https://www.w3.org/TR/css-flexbox-1/）。前后语法变化之大非常明显。

这几个不同版本的规范对应着不同的实现。需要关注哪些版本，取决于你需要支持的浏览器。

3.2.2 浏览器对 Flexbox 的支持

还是先把这件事说了吧：IE9及以下版本不支持Flexbox。

对于其他浏览器（包括所有移动端浏览器），有方法可以享受Flexbox的绝大多数特性。具体支持信息，还是自己去查吧：http://caniuse.com/。

正式讨论Flexbox前，先简单说点重要的题外话。

前缀那些事

我希望大家看几个Flexbox的示例，就能认同它的用途，并且有信心去用。可是，纯手工去写代码以支持不同的Flexbox规范还是非常痛苦的。下面是一个例子，要设置Flexbox相关的3个属性和值：

```
.flex {
    display: flex;
    flex: 1;
    justify-content: space-between;
}
```

这里使用了比较新的语法。但是，要想支持安卓浏览器（v4及以下版本操作系统）和IE10，最终代码得这样写：

```
.flex {
    display: -webkit-box;
    display: -webkit-flex;
    display: -ms-flexbox;
    display: flex;
    -webkit-box-flex: 1;
    -webkit-flex: 1;
        -ms-flex: 1;
            flex: 1;
    -webkit-box-pack: justify;
    -webkit-justify-content: space-between;
        -ms-flex-pack: justify;
            justify-content: space-between;
}
```


这些代码一个都不能少，因为近几年来浏览器不断以实验性特性推出新功能，而这些实验性特性都要加“厂商前缀”。每家浏览器厂商都有自己的前缀。比如`-ms-`是Microsoft，`-webkit-`是WebKit，`-moz-`是Mozilla。于是，每个新特性要在所有浏览器中生效，就得写好几遍。首先是带各家厂商前缀的，最后一行才是W3C标准规定的。

这样做的结果就是前面例子中的CSS。这是让Flexbox跨浏览器的唯一有效方式。如今，虽然厂商很少再加前缀，但在可见的未来，仍然需要前缀来保证某些特性跨浏览器可用。Flexbox算是一个极端的例子，不仅涉及多个厂商前缀，还涉及多个不同的版本。理解并记住当前格式怎么写，以前的格式怎么写，简直要疯掉了。

不管你怎么看，反正我不想把时间浪费在写这些小九九上面，我还想用那些时间干点更有意义的事呢。简言之，如果你不想在使用Flexbox时把自己气疯，赶紧找一个自动加前缀的方法吧。

- 自动加前缀

为了避免把自己逼疯，同时还能轻松准确地加上CSS前缀，可以找一个自动加前缀的方法。眼下，我使用Autoprefixer（https://github.com/postcss/autoprefixer）。这是一个很快、准确而且安装简便的PostCSS插件。

Autoprefixer针对各种情况提供了很多版本，使用它甚至不需要命令行构建工具（Gulp或Grunt）。如果你使用Sublime Text，有一个版本可以让你直接在Command Palette里选择使用它：https://github.com/sindresorhus/sublime-autoprefixer。此外还有针对Atom、Brackets和Visual Studio的版本。

从现在开始，除非演示需要，否则我们不会在代码示例中给出前缀。

3.3 使用 Flexbox

Flexbox有4个关键特性：方向、对齐、次序和弹性。我们会介绍全部这4个特性，并通过示例说明它们的关系。

示例故意写得非常简单，只涉及几个元素盒子以及它们周围的内容。这样可以方便我们理解Flexbox的原理。

3.3.1　完美垂直居中文本

下面看第一个Flexbox的例子，参见example_03-03。

标记如下：

```
<div class="CenterMe">
    Hello, I'm centered with Flexbox!
</div>
```

垂直居中文本的CSS规则如下：

```
.CenterMe {
    background-color: indigo;
    color: #ebebeb;
    font-family: 'Oswald', sans-serif;
    font-size: 2rem;
    text-transform: uppercase;
    height: 200px;
    display: flex;
    align-items: center;
    justify-content: center;
}
```

以上CSS代码中大部分都用来设置颜色和字号大小。下面这三个属性才是我们真正要关注的：

```
.CenterMe {
    /* 其他属性 */
    display: flex;
    align-items: center;
    justify-content: center;
}
```

之前没有用过Flexbox或Box Alignment规范（https://www.w3.org/TR/css-align-3/）中相关属性

的读者，可能觉得这几个属性有点另类。下面我们一个一个介绍。

- display: flex：这是Flexbox的根本所在。这里就是把当前元素设置为一个Flexbox（而不是block或inline-block之类的）。
- align-items：这是要在Flexbox中沿交叉轴对齐项目（在这个例子中垂直居中文本）。
- justify-content：在这里设置内容沿主轴居中。在Flexbox中，可以把它想象成Word软件中的一个按钮，用于左、中、右对齐文本（稍后我们会介绍，justify-content还有其他值）。

好，在介绍更多Flexbox特性之前，我们会再看几个例子。

某些例子使用了Google托管的字体Oswald（以sans-serif字体作为后备）。第5章将介绍如何使用@font-face规则链接自定义字体文件。

3.3.2 偏移

那简单的导航选项呢，怎么让它们水平一个挨一个排列？

这是我们想要的结果：

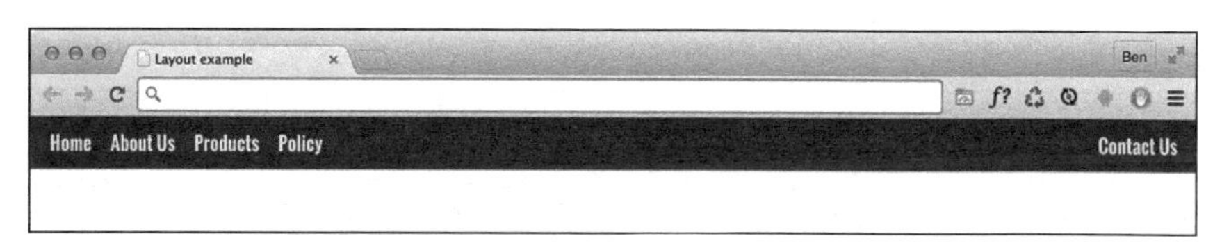

这是标记：

```
<div class="MenuWrap">
    <a href="#" class="ListItem">Home</a>
    <a href="#" class="ListItem">About Us</a>
    <a href="#" class="ListItem">Products</a>
    <a href="#" class="ListItem">Policy</a>
    <a href="#" class="LastItem">Contact Us</a>
</div>
```

这是CSS：

```
.MenuWrap {
    background-color: indigo;
    font-family: 'Oswald', sans-serif;
    font-size: 1rem;
    min-height: 2.75rem;
    display: flex;
    align-items: center;
    padding: 0 1rem;
```

```
}

.ListItem,
.LastItem {
    color: #ebebeb;
    text-decoration: none;
}

.ListItem {
    margin-right: 1rem;
}

.LastItem {
    margin-left: auto;
}
```

怎么样?! 没有浮动(float),没有行内块(inline-block),也没有表元(table-cell)。在包含元素上设置display: flex;后，其子元素就会变成弹性项(flex-item)，从而在弹性布局模型下布局。这里的"魔法"属性是margin-left: auto，它让最后一项用上该侧所有可用的外边距。

3.3.3　反序

如果想让所有项反序排列呢? 像这样:

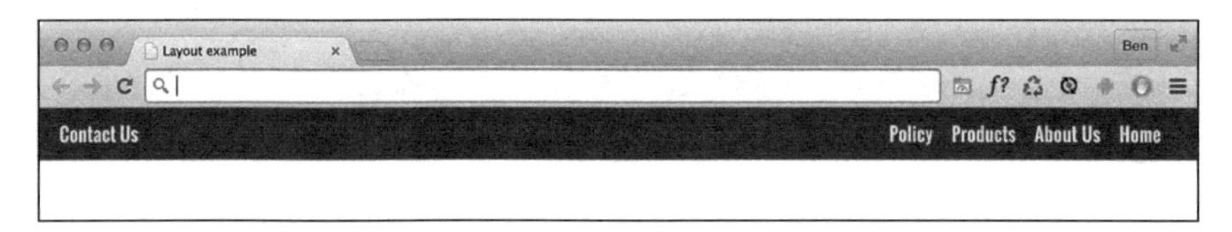

简单，给包含元素的CSS加一行flex-direction: row-reverse，把最后一项的margin-left: auto改成margin-right: auto:

```
.MenuWrap {
    background-color: indigo;
    font-family: 'Oswald', sans-serif;
    font-size: 1rem;
    min-height: 2.75rem;
    display: flex;
    flex-direction: row-reverse;
    align-items: center;
    padding: 0 1rem;
}

.ListItem,
.LastItem {
    color: #ebebeb;
    text-decoration: none;
```

```
}

.ListItem {
    margin-right: 1rem;
}

.LastItem {
    margin-right: auto;
}
```

1. 垂直排列

如果想让所有项垂直堆叠排列怎么办？简单。在包含元素中使用`flex-direction: column;`，再把自动外边距属性删掉：

```
.MenuWrap {
    background-color: indigo;
    font-family: 'Oswald', sans-serif;
    font-size: 1rem;
    min-height: 2.75rem;
    display: flex;
    flex-direction: column;
    align-items: center;
    padding: 0 1rem;
}

.ListItem,
.LastItem {
    color: #ebebeb;
    text-decoration: none;
}
```

2. 垂直反序

想让各项垂直反序堆叠？只要改成`flex-direction: column-reverse;`就行了。

要知道，有一个`flex-flow`属性，是`flex-direction`和`flex-wrap`的合体。比如，`flex-flow: row wrap;`就是把方向（`flex-direction`）设置为行（`row`），把折行选项设置为折行（`wrap`）。不过，至少一开始分别设置两个属性会更清楚一些。另外，`flex-wrap`属性在最早的Flexbox实现中也不存在，如果合起来写，在某些浏览器中可能导致整条声明失效。

3.3.4 不同媒体查询中的不同 Flexbox 布局

顾名思义，Flexbox就是可以灵活变化的。要是我们想在窄视口中让各项垂直堆叠，而在空间允许的情况下改成行式布局呢？使用Flexbox这是“小菜一碟”：

```
.MenuWrap {
```

```
    background-color: indigo;
    font-family: 'Oswald', sans-serif;
    font-size: 1rem;
    min-height: 2.75rem;
    display: flex;
    flex-direction: column;
    align-items: center;
    padding: 0 1rem;
}

@media (min-width: 31.25em) {
    .MenuWrap {
        flex-direction: row;
    }
}

.ListItem,
.LastItem {
    color: #ebebeb;
    text-decoration: none;
}

@media (min-width: 31.25em) {
    .ListItem {
        margin-right: 1rem;
    }
    .LastItem {
        margin-left: auto;
    }
}
```

真实的例子，请看example_03-05。别忘了缩放浏览器窗口，这样才能看到不同的布局。

3.3.5　行内伸缩

Flexbox有与`inline-block`和`inline-table`对应的`inline-flex`变体。得益于它的居中能力，通过行内伸缩模型可以轻松实现一些搞怪的效果，比如：

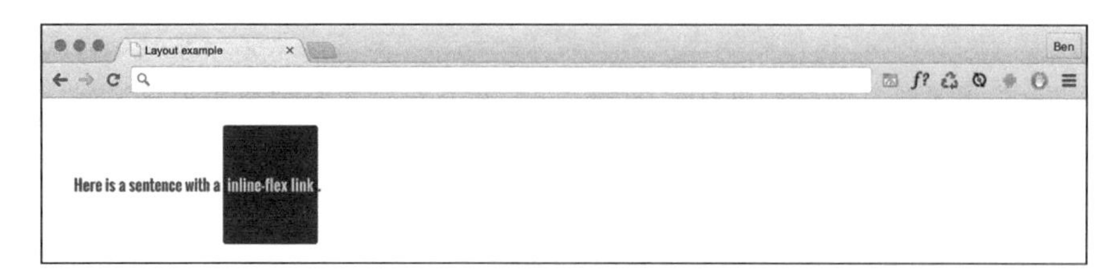

HTML标记：

```
<p>Here is a sentence with a <a href="http://www.w3.org/TR/cssflexbox-
1/#flex-containers" class="InlineFlex">inline-flex link</a>.</p>
```

CSS样式：

```
.InlineFlex {
    display: inline-flex;
    align-items: center;
    height: 120px;
    padding: 0 4px;
    background-color: indigo;
    text-decoration: none;
    border-radius: 3px;
    color: #ddd;
}
```


如果将某元素无端地设置为`display: inline-flex`（比如包含该元素的元素没有被设置为`display: flex`），那么这个元素就会像`inline-block`和`inline-table`一样保留元素间的空白。如果这个元素处于一个Flexbox中，空白就会消失，就跟`table`中的`table-cell`一样。

当然，不一定总要居中项。除了居中，还有其他可能，下面就来看一下。

3.3.6 Flexbox 的对齐

相关的示例请参考example_03-07。记住，你看到的代码可能是本节结束时的状态，因此如果你想保持同步，很可能需要删除其中的CSS，然后从头开始写起。

关于Flexbox的对齐，最重要的是理解坐标轴。有两个轴，“主轴”和“交叉轴”。这两个轴代表什么取决于Flexbox排列的方向。比如，如果将Flexbox的方向设置为`row`，则主轴就是横轴，而交叉轴就是纵轴。

反之，如果Flexbox的方向是`column`，则主轴就是纵轴，而交叉轴为横轴。

Flexbox规范（https://www.w3.org/TR/css-flexbox-1/#justify-content-property）给出了一个图来向大家解释：

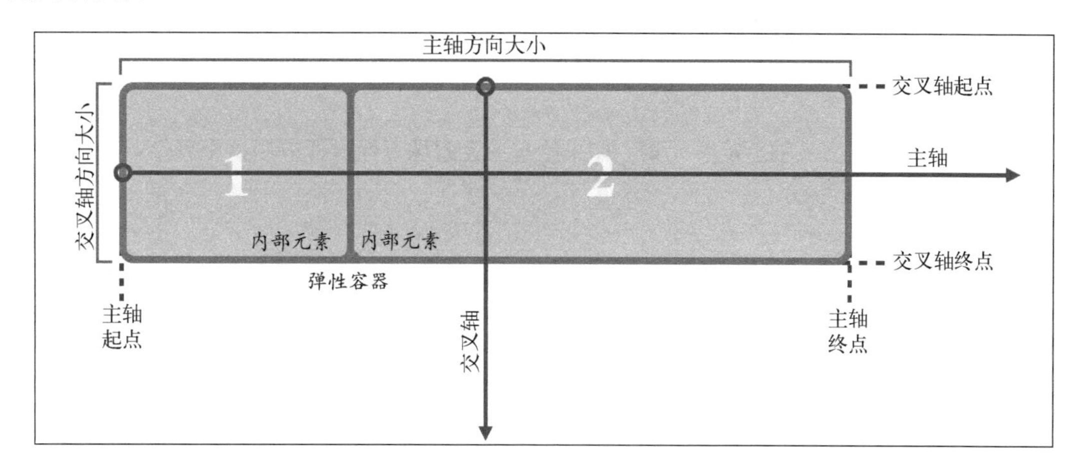

先看一下我们示例的HTML标记：

```
<div class="FlexWrapper">
    <div class="FlexInner">I am content in the inner Flexbox.</div>
</div>
```

接下来看Flexbox相关的样式：

```
.FlexWrapper {
    background-color: indigo;
    display: flex;
    height: 200px;
    width: 400px;
}

.FlexInner {
    background-color: #34005B;
    display: flex;
    height: 100px;
    width: 200px;
}
```

浏览器中的效果如下：

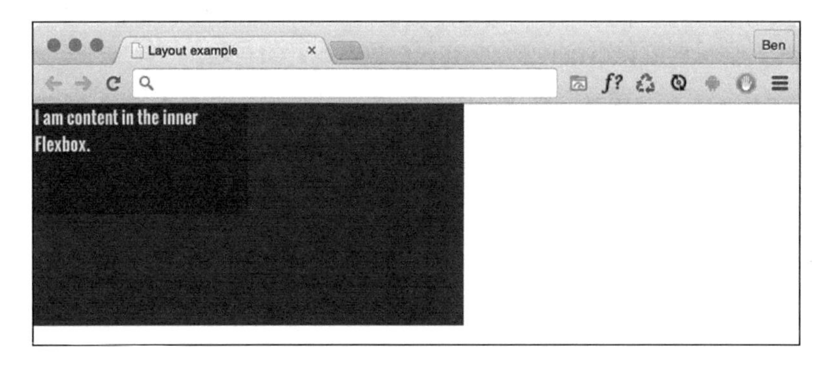

我们分别来测试对齐相关的属性。

1. align-items

`align-items`在交叉轴上定位元素。如果给包装元素像下面这样应用这个属性：

```
.FlexWrapper {
    background-color: indigo;
    display: flex;
    height: 200px;
    width: 400px;
    align-items: center;
}
```

可想而知，内部的元素会垂直居中：

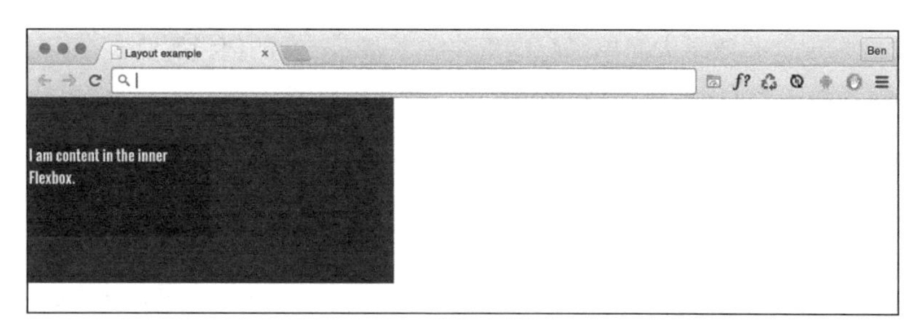

同样的效果会应用给其中的所有子元素。

2. align-self

有时候，可能只需要把某一个元素按不同方式对齐。这个元素可以使用align-self属性决定自己的对齐方式。此时，需要删除前面针对所有子元素的对齐属性，并在标记中再添加两个具有相同HTML类名（.FlexInner类）的元素。另外，在中间的子元素上再添加.AlignSelf类，通过它来应用align-self属性。看CSS更容易理解：

```
.FlexWrapper {
    background-color: indigo;
    display: flex;
    height: 200px;
    width: 400px;
}
.FlexInner {
    background-color: #34005B;
    display: flex;
    height: 100px;
    width: 200px;
}

.AlignSelf {
    align-self: flex-end;
}
```

浏览器中的效果如下：

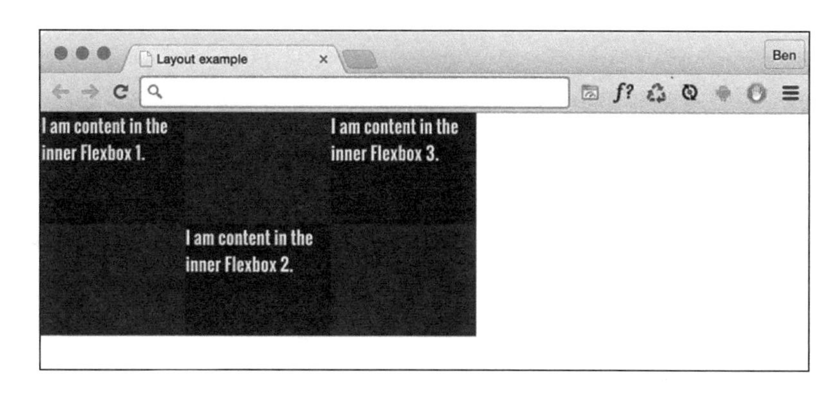

哇，Flexbox实现这些效果太简单了！这里将`align-self`的值设置为`flex-end`。在介绍沿主轴对齐的属性之前，我们先把沿交叉轴对齐的各种可能性过一遍。

3. 交叉轴的对齐

Flexbox为交叉轴对齐提供了以下值。

- `flex-start`：把元素的对齐设置为`flex-start`，可以让元素从Flexbox父元素的起始边开始。
- `flex-end`：把元素的对齐设置为`flex-end`，会沿Flexbox父元素的末尾对齐该元素。
- `center`：把元素放在Flexbox元素的中间。
- `baseline`：让Flexbox元素中的所有项沿基线对齐。
- `stretch`：让Flexbox中的所有项（沿交叉轴）拉伸至与父元素一样大。

使用这些属性时可能会遇到一些特殊的问题，届时可以参考规范中给出的一些特殊情况的例子：http://www.w3.org/TR/css-flexbox-1/。

4. `justify-content`

控制沿Flexbox主轴对齐的属性是`justify-content`（对于非Flexbox/块级元素，也已经有了关于`justify-self`属性的建议：https://www.w3.org/TR/css-align-3/）。`justify-content`属性的可能值包括：

- `flex-start`
- `flex-end`
- `center`
- `space-between`
- `space-around`

前三个属性跟你想象的一致。我们主要看看`space-between`和`space-around`。以下面标记为例：

```
<div class="FlexWrapper">
    <div class="FlexInner">I am content in the inner Flexbox 1.</div>
    <div class="FlexInner">I am content in the inner Flexbox 2.</div>
    <div class="FlexInner">I am content in the inner Flexbox 3.</div>
</div>
```

再看以下CSS。我们把每个内部元素（`FlexInner`）的宽度都设置为25%，包含它们的容器Flexbox（`FlexWrapper`）的宽度为100%。

```
.FlexWrapper {
    background-color: indigo;
```

```
        display: flex;
        justify-content: space-between;
        height: 200px;
        width: 100%;
    }
    .FlexInner {
        background-color: #34005B;
        display: flex;
        height: 100px;
        width: 25%;
    }
```

因为三个子元素只占75%的空间，所以justify-content可以告诉浏览器怎么处理其余空间。space-between会在子元素之间添加相同宽度的空白，而space-around则在它们两边各添加相同宽度的空白。下图演示的是使用space-between后的效果：

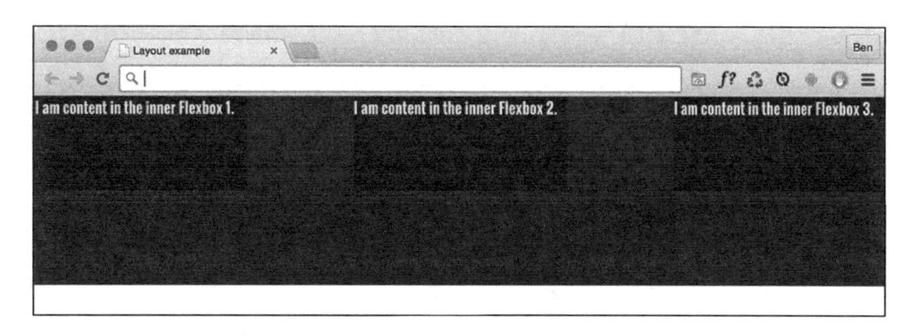

下图演示的是使用space-around后的效果：

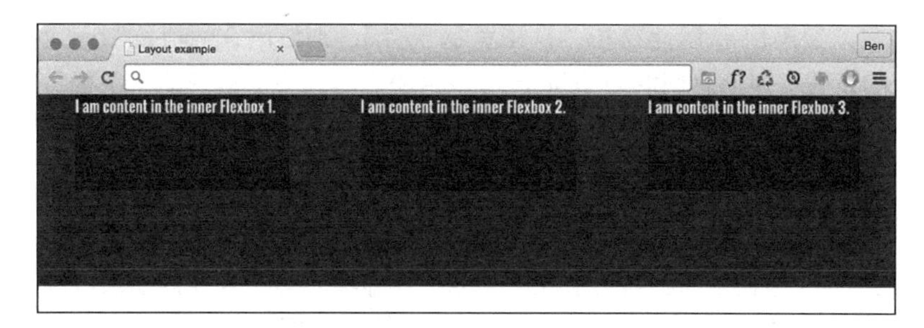

这两个值就是这样，简单好用，对吧？

Flexbox的各种对齐属性在CSS Box Alignment Module Level 3中实现了标准化。这个标准对其他display属性也规范了基础性的对齐行为，包括display: block;和display: table;，而且还在制定过程中，网址是：https://www.w3.org/TR/css-align-3/。

3.3.7 flex

前面已经给伸缩项（flex-item）定义过宽度了。除了width，还可以通过flex属性来定义宽度，或者叫“伸缩性”（flexiness）。再看另一个例子，同样的标记，但CSS有所不同：

```
.FlexInner {
    border: 1px solid #ebebeb;
    background-color: #34005B;
    display: flex;
    height: 100px;
    flex: 1;
}
```

这里的flex实际上是三个属性合体的简写：flex-grow、flex-shrink和flex-basis。关于这三个属性的详细介绍，可以参考规范原文：https://www.w3.org/TR/css-flexbox-1/。不过，规范还是建议大家使用flex这个简写属性，也就是我们这里用的这个，明白吗？

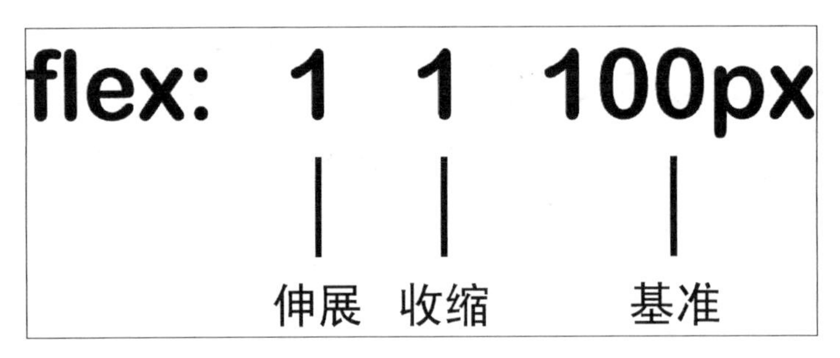

对于伸缩项，如果flex属性存在（且浏览器支持），则使用它的值控制元素的大小，忽略宽度和高度值的设置，即使它们的声明位于flex声明之后，也会被忽略。下面分别看看这三个属性。

- flex-grow（传给flex的第一个值）是相对于其他伸缩项，当前伸缩项在空间允许的情况下可以伸展的量。
- flex-shrink是在空间不够的情况下，当前伸缩项相对于其他伸缩项可以收缩的量。
- flex-basis（传给flex的最后一个值）是伸缩项伸缩的基准值。

虽然只写flex: 1也没问题，但还是建议大家把三个值写全。这样才能更清楚地表明你想干什么。比如flex: 1 2 auto的意思是在有空间的情况下可以伸展1部分，在空间不足时可以收缩1部分，而基准大小是内容的固有宽度（即不伸缩的情况下内容的大小）。

再试一个：flex: 0 0 50px的意思是，这个伸缩项既不伸也不缩，基准为50像素（即无论是否存在自由空间，都是50像素）。那么flex: 2 0 50%呢？意思就是会多占用两个可用空间，不收缩，基准为50%。但愿这几个例子能帮大家理解flex属性。

将flex-shrink的值设置为0，flex-basis实际上就相当于最小宽度。

可以把flex属性想象成设置比例。如果每一项都设置为1，则它们会占用相等的空间：

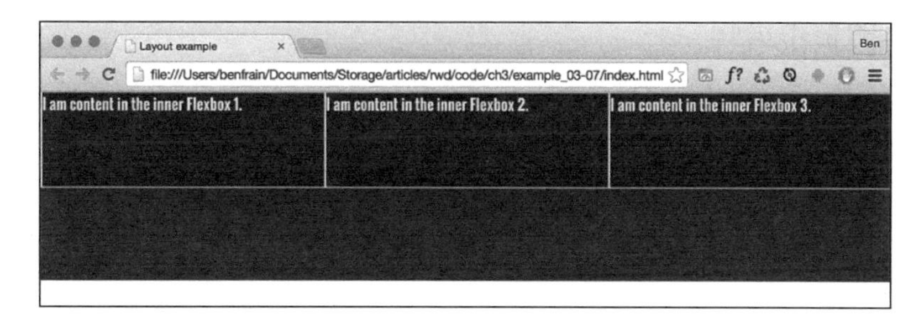

好，为了验证前面的理论，我们修改了标记的HTML类：

```
<div class="FlexWrapper">
    <div class="FlexItems FlexOne">I am content in the inner Flexbox
1.</div>
    <div class="FlexItems FlexTwo">I am content in the inner Flexbox
2.</div>
    <div class="FlexItems FlexThree">I am content in the inner Flexbox
3.</div>
</div>
```

修改后的CSS变成了这样：

```
.FlexItems {
    border: 1px solid #ebebeb;
    background-color: #34005B;
    display: flex;
    height: 100px;
}

.FlexOne {
    flex: 1.5 0 auto;
}

.FlexTwo,
.FlexThree {
    flex: 1 0 auto;
}
```

在这个例子中，FlexOne占用的空间是FlexTwo和FlexThree所占用空间的1.5倍。

这个简写的属性对于迅速地厘清伸缩项间的关系非常有帮助。比如，客户说了：“这个要比其他的宽1.8倍。”使用flex属性可以轻松满足这个要求。

好了，你多少理解超强大的`flex`属性了吧？

关于Flexbox，我还可以再多写几章。可以拿出来分享的例子实在是太丰富了，但我们只能到此为止了。接下来，在介绍本章另一个主题（响应式图片）之前，我还想跟大家交待两件事。

3.3.8　简单的粘附页脚

假设你在页面内容不够长时，仍然想让页脚停留在视口底部。这个需求一直以来都很难实现，但使用Flexbox会变得很容易。看下面的标记（对应example_03-08）：

```
<body>
    <div class="MainContent">
        Here is a bunch of text up at the top. But there isn't enough
content to push the footer to the bottom of the page.
    </div>
    <div class="Footer">
        However, thanks to flexbox, I've been put in my place.
    </div>
</body>
```

CSS如下：

```
html,
body {
    margin: 0;
    padding: 0;
}

html {
    height: 100%;
}

body {
    font-family: 'Oswald', sans-serif;
    color: #ebebeb;
    display: flex;
    flex-direction: column;
    min-height: 100%;
}

.MainContent {
    flex: 1;
    color: #333;
    padding: .5rem;
}

.Footer {
    background-color: violet;
    padding: .5rem;
}
```

打开浏览器，尝试给.MainContentdiv添加更多内容。在内容不够多时，页脚一直驻留底部；而在内容够多时，页脚会位于内容下方。

这个例子的原理是flex属性会让内容在空间允许的情况下伸展。因为页面主体是伸缩容器，最小高度是100%，所以主内容区会尽可能占据所有有效空间。完美！

3.3.9 改变原始次序

自从有了CSS以来，就只有一种方法可以改变网页中HTML元素的视觉次序。那就是把元素包在一个设置为display: table的容器内，然后切换内部元素的display属性。想放到前头的，就切换成display: table-caption；想放在底部的，就切换成display: table-footer-group；或者想放在第二位的（位于display: table-caption之后），就切换成display: table-header-group。尽管这个做法很靠谱，但只能说它是个令人惊喜的意外，人家本来就不是干这个用的！

不过，Flexbox却内置了重新排序的能力。下面我们来演示一下。

以下面的标记为例：

```
<div class="FlexWrapper">
    <div class="FlexItems FlexHeader">I am content in the Header.</
div>
    <div class="FlexItems FlexSideOne">I am content in the SideOne.</
div>
    <div class="FlexItems FlexContent">I am content in the Content.</
div>
    <div class="FlexItems FlexSideTwo">I am content in the SideTwo.</
div>
    <div class="FlexItems FlexFooter">I am content in the Footer.</
div>
</div>
```

可以看到标记中容器内的第三项有一个HTML类叫FlexContent，假设这个元素中包含的是页面的主内容。

好了，我们简单点，通过颜色来区分每一项，先让它们按照在HTML标记中的顺序出场：

```
.FlexWrapper {
    background-color: indigo;
    display: flex;
    flex-direction: column;
}

.FlexItems {
    display: flex;
    align-items: center;
    min-height: 6.25rem;
```

```
    padding: 1rem;
}

.FlexHeader {
    background-color: #105B63;
}

.FlexContent {
    background-color: #FFFAD5;
}

.FlexSideOne {
    background-color: #FFD34E;
}

.FlexSideTwo {
    background-color: #DB9E36;
}

.FlexFooter {
    background-color: #BD4932;
}
```

浏览器渲染效果如下：

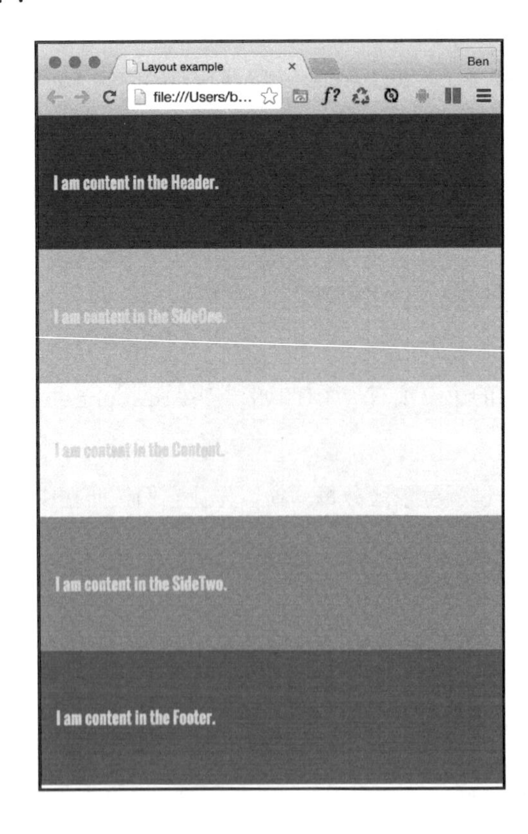

现在，假设需要把.FlexContent的次序调整为第一项，又不能修改标记。对于Flexbox，只要添加一行CSS声明：

```
.FlexContent {
    background-color: #FFFAD5;
    order: -1;
}
```

这里的order属性可以在Flexbox中简单、明确地修改元素的次序。此处的-1表示要位于其他所有元素之前。

假如需要更改次序的元素很多，建议再明确一些，为每个元素添加序列号。这样才能在与媒体查询一块使用时，更容易理解。

下面我们把改变原始次序的能力附加到媒体查询上，让不同的屏幕不仅得到不同的布局，而且次序也会变化。

注意：完成的例子可以参考example_03-09。

因为把主内容放在页面开头是个聪明的做法，所以我们把前面的标记修改如下：

```
<div class="FlexWrapper">
    <div class="FlexItems FlexContent">I am content in the Content.</
div>
    <div class="FlexItems FlexSideOne">I am content in the SideOne.</
div>
    <div class="FlexItems FlexSideTwo">I am content in the SideTwo.</
div>
    <div class="FlexItems FlexHeader">I am content in the Header.</
div>
    <div class="FlexItems FlexFooter">I am content in the Footer.</
div>
</div>
```

一上来就是页面内容，接着是两个边栏区，然后才是页头和最后的页脚。既然要使用Flexbox，那HTML结构就可以按照文档的要求来组织，跟视觉展示区分开来。

对最小的屏幕（在所有媒体查询外部），是这样的顺序：

```
.FlexHeader {
    background-color: #105B63;
    order: 1;
}

.FlexContent {
    background-color: #FFFAD5;
```

```
    order: 2;
}

.FlexSideOne {
    background-color: #FFD34E;
    order: 3;
}

.FlexSideTwo {
    background-color: #DB9E36;
    order: 4;
}

.FlexFooter {
    background-color: #BD4932;
    order: 5;
}
```

浏览器中看到的是这样的结果：

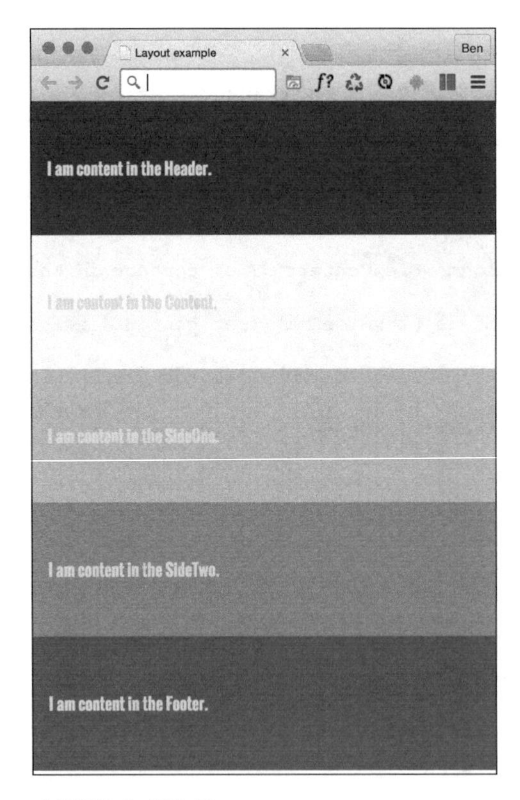

接下来，在某个断点，把顺序改成这样：

```
@media (min-width: 30rem) {
    .FlexWrapper {
```

```
        flex-flow: row wrap;
    }
    .FlexHeader {
        width: 100%;
    }
    .FlexContent {
        flex: 1;
        order: 3;
    }
    .FlexSideOne {
        width: 150px;
        order: 2;
    }
    .FlexSideTwo {
        width: 150px;
        order: 4;
    }
    .FlexFooter {
        width: 100%;
    }
}
```

浏览器中的效果变成了这样：

这个例子中用到了`flex-flow: row wrap`。这个属性可以让伸缩项折行。但有些老浏览器对这个属性的支持不好。因此视要向后兼容的力度，可能需要把内容和两个侧边栏封装在另一个元素中。

3.3.10　Flexbox 小结

使用Flexbox可以实现无数种可能的布局，而且得益于其“伸缩性”，这种布局机制非常适合响应式设计。如果此前你从未用过Flexbox，可能会觉得这些新属性和值有点奇怪，但使用它们却可以轻易实现以往非常麻烦才能实现的布局。为了确保与最新的规范一致，别忘了抽时间研读一下规范的最新版本：https://www.w3.org/TR/css-flexbox-1/。

相信你会喜欢上Flexbox的。

Flexible Box Layout Module之后马上是Grid Layout Module Level 1：https://www.w3.org/TR/css3-grid-layout/。

相对于Flexbox而言，Grid Layout还没那么成熟（与Flexbox一样，Gird Layout也已经有了几次大的迭代），因此我们就不在这里再讨论了。但这个规范绝对需要关注，因为它预期要给我们提供更强大的布局功能。

3.4　响应式图片

根据用户的设备和使用场景提供合适的图片并不容易。自从响应式设计的概念问世，这个问题就一直备受关注，问题的核心是如何只写一遍代码，就能适用所有设备。

3.4.1　响应式图片的固有问题

开发者不可能知道或预见浏览网站的所有设备，只有浏览器在打开和渲染内容时才会知道使用它的设备的具体情况（屏幕大小、设备能力等）。

另一方面，只有开发者（你和我）知道自己手里有几种大小的图片。比如，我们有同一图片的三个版本，分别是小、中、大，分别对应于相应的屏幕大小和分辨率。浏览器不知道这些，我们得想办法让它知道。

简言之，难点在于我们知道自己有什么图片，浏览器知道用户使用什么设备访问网站以及最合适的图片大小和分辨率是多少，两个关键因素无法融合。

怎么才能告诉浏览器我们准备了哪些图片，让它视情况去选择最合适的呢？

响应式设计刚刚出现的几年里，并没有固定的方法。今天，我们有了Embedded Content规范：https://html.spec.whatwg.org/multipage/embedded-content.html。

Embedded Content规范描述了如何进行简单的图片分辨率切换（让拥有高分辨率屏幕的用户看到高分辨率的图片），以及支持“文艺范儿”（art direction），即可以根据视口空间大小显示完全不同的图片（类似媒体查询）。

演示响应式图片的例子也挺难的，不可能在一块屏幕上同时让大家欣赏到所有图片，没有什么特别的语法或技术。因此，接下来的例子主要以代码展示为主，请大家相信我，我说能在支持的浏览器里产生什么结果就会产生什么结果。

接下来我们看两个响应式图片的典型应用场景，分别是切换同一张图片的不同分辨率的版本，以及根据视口大小使用不同的图片。

3.4.2 通过 srcset 切换分辨率

假设一张图片有三种分辨率的版本，一张小的针对小屏幕，一个中等的针对中等屏幕，还有一个比较大的针对所有其他屏幕。要让浏览器知道这三个版本，怎么办呢？看代码：

```
<img src="scones_small.jpg" srcset="scones_medium.jpg 1.5x, scones_
large.jpg 2x" alt="Scones taste amazing">
```

这是实现响应式图片的最简单语法，我们必须把它完全搞明白。

首先，src属性是大家已经熟悉的，它在这里有两个角色。一是指定1倍大小的小图片，二是在不支持srcset属性的浏览器中用作后备。正因为如此，我们才给它指定了最小的图片，好让旧版本的浏览器以最快的速度取得它。

对于支持srcset属性的浏览器，通过逗号分隔的图片描述，让浏览器自己决定选择哪一个。图片描述首先是图片名（如scones_medium.jpg），然后是一个分辨率说明。本例中用的是1.5x和2x，其中的数字可以是任意整数，比如3x或4x都可以（如果你的用户可能使用那么高分辨率的屏幕）。

不过有个问题。1440像素宽、1x的屏幕会拿到跟480像素宽、3x的屏幕相同的图片。这或许并不是我们想要的结果。

3.4.3 srcset 及 sizes 联合切换

再看另一种情况。在响应式设计中，经常可以看到小屏幕中全屏显示，而在大屏幕上只显示一半宽的图片。第1章中的例子就是这样。要把我们的意图告诉浏览器，怎么办呢？看代码：

```
<img srcset="scones-small.jpg 450w, scones-medium.jpg 900w"
sizes="(min-width: 17em) 100vw, (min-width: 40em) 50vw" src="scones-small.
jpg" alt="Scones">
```

这里照样使用了srcset属性。不过，这一次在指定图片描述时，我们添加了以w为后缀的值。这个值的意思是告诉浏览器图片有多宽。这里表示图片分别是450像素宽（scones-small.jpg）和900像素宽（scones-medium.jpg）。但这里以w为后缀的值并不是“真实”大小，它只是对浏览器的一个提示，大致等于图片的“CSS像素”大小。

CSS中如何定义像素？我原来也说不清。后来我找到了答案：https://www.w3.org/TR/css3-values/，我可能已经明白了。

使用w后缀的值对引入sizes属性非常重要。通过后者可以把意图传达给浏览器。在前面的例子中，我们用第一个值告诉浏览器“在最小宽度为17em的设备中，我想让图片显示的宽度约为100vw”。

如果你不知道有些单位的含义，比如vh（视口高度的1%）或vw（视口宽度的1%），请看第5章。

sizes属性的第二个值，意思其实是“嘿，浏览器，如果设备宽度大于等于40em，我只想让对应的图片显示为50vw宽”。我们用DPI（或表示Device Pixel Ratio的DPR，即设备像素比）来解释就明白了。比如，如果设备宽度是320像素，而分辨率为2x（实际宽度是640像素），那浏览器可能会选择900像素宽的图片，因为对当前屏幕宽度而言，它是第一个符合要求的足够大的图片。

你说浏览器“可能会”是什么意思

要知道，sizes属性仅仅是对浏览器给出提示。因此并不保证浏览器言听计从。这样很好，真的，因为如果将来有了让浏览器判断网络条件的可靠方式，它可能会选择不同的图片。毕竟浏览器才在一线，它知道的我们开发者事先不可能知道。假如有用户设置自己的设备“只下载1x图片”或“只下载2x图片”，那浏览器就可做出最佳决定。

如果不想让浏览器决定，可以使用picture元素。使用这个元素可以让浏览器交付你让它交付的图片。下面介绍这个元素的原理。

3.4.4　picture 元素

最后一种情况就是你希望为不同的视口提供不同的图片。比如第1章的例子，在最小的屏幕上，我们希望显示上面涂了果酱和奶油的松饼。在大一点的屏幕上，我们希望显示更大一点的图片，也许是一张摆满各式蛋糕的桌子的照片。最后，对于非常大的屏幕，我们希望用户看到一张乡村街道旁的蛋糕店的外景，门外有客人坐在那里吃蛋糕、喝茶（有点像我向往的世外桃源）。这样就需要有三张图片，而且要用picture元素：

```
<picture>
    <source media="(min-width: 30em)" srcset="cake-table.jpg">
    <source media="(min-width: 60em)" srcset="cake-shop.jpg">
    <img src="scones.jpg" alt="One way or another, you WILL get
cake.">
</picture>
```

首先，要知道picture元素只是一个容器，为我们给其中的img元素指定图片提供便利。假如你想为图片添加样式，那目标应该是它内部的那个img。

其次，这里的srcset属性的用途跟前面例子中的一样。

再次，这里的img标签是浏览器不支持picture元素，或者支持picture但没有合适媒体定义时的后备。敬告各位，千万别省略picture中的img标签，否则后果可能不堪设想。

这里最不同的是source标签。在这个标签里，可以使用媒体查询表达式明确告诉浏览器在什么条件下使用什么图片。比如，前面例子中的第一个source标签跟浏览器说："哎，兄弟，如果屏幕大于等于30em，给我替换成cake-table.jpg，多谢啊！"只要条件匹配，浏览器一准儿照办。

3

使用新图片格式

picture还支持提供可替换的图片格式。WebP是一个新格式（详见https://developers.google.com/speed/webp/），但支持的浏览器不多（http://caniuse.com/）。对于支持它的浏览器，我们可以提供该格式的图片，再为不支持它的提供更常见的格式：

```
<picture>
    <source type="image/webp" srcset="scones-baby-yeah.webp">
    <img src="scones-baby-yeah.jpg" alt="Again, you WILL eat cake.">
</picture>
```

好像代码很简单，不用怎么解释。这里没有使用media属性，而使用了type（第4章还会更多地用到它）。type属性通常用于指定视频来源（关于视频来源，可以参考这里：https://html.spec.whatwg.org/multipage/embedded-content.html），但我们在这里可以用它把WebP指定为优先使用的图片格式。浏览器如果能显示，就显示，如果不能，就使用img标签里的图片。

很多老旧的浏览器永远不可能用上W3C的响应式图片。除非真的不需要，否则建议大家始终使用内置的后备机制，以防万一。这样新老浏览器才能各得其所，用户也各得其乐。

3.5 小结

这一章讲了很多基础知识。其中很大篇幅在讨论Flexbox这种最近得到广泛支持的新布局技术。之后我们又讨论了如何根据要解决的问题为用户提供多种图片（或图片版本）。利用好srcset、sizes和picture，始终为用户提供符合他们需要的图片，无论现在还是未来。

到现在为止，我们一直在讲CSS的内容，以及它未来的可能性。但只有在讲响应式图片的时候才看到了一些现代的标记。这是个问题，下一章来解决。

下一章全部围绕HTML5展示，包括HTML5涉及什么、与之前版本的异同等。最主要的是我们可使用HTML5新的语义标记，写出更清晰、更易懂的HTML文档。

第 4 章

HTML5与响应式Web设计

提醒一下，如果你想找HTML5应用编程接口的使用指南，抱歉，本章不是你的菜。

本章将会带大家学习一下HTML5的“词汇表”以及这些新元素的语义。换句话说，也就是使用新的HTML5元素描述标记中内容的方式。本章主要内容不是响应式设计。不过，HTML毕竟是所有网站和Web应用的基础。打好这个基础何乐而不为呢？

有人可能会问，什么是HTML5啊？HTML5其实就是HTML的最新版本，而HTML是构建网页的标记语言。HTML作为一门语言在不断进化，上一个版本是HTML 4.01。

要了解HTML的发展历程，推荐大家看一看维基百科：http://en.wikipedia.org/wiki/HTML#HTML_versions_timeline。

HTML5是W3C的建议标准，规范的全文地址是：http://www.w3.org/TR/html5/。

本章内容：

- ❑ 浏览器对HTML5的支持情况
- ❑ 正确使用HTML5
- ❑ 宽容的HTML5
- ❑ 新的语义元素
- ❑ 文本级语义
- ❑ 作废的特性
- ❑ 使用新元素
- ❑ 兼容WCAG（Web Content Accessibility Guidelines）和无障碍Web应用WAI-ARIA（Web Accessibility Initiative-Accessible Rich Internet Applications）
- ❑ 嵌入媒体
- ❑ 响应式视频与内嵌框架
- ❑ “离线优先”

HTML5提供了很多处理表单和用户输入的元素。这些新元素免除了开发者使用JavaScript费时费力的工作，比如表单验证。说到表单，我们会在第9章具体讲解。

4.1 得到普遍支持的 HTML5 标记

今天，我所看到的大多数网站（以及我自己写的网站）都使用了HTML5，而不是旧版本的HTML 4.01。

所有现代的浏览器都理解HTML5中新的语义元素（新的结构化元素、视频和音频标签），甚至老版本的IE（IE9以下版本）都可以通过引入一小段“腻子脚本”正确渲染这些新元素。

什么是“腻子脚本”？

腻子脚本这个叫法的发明者是Remy Sharp，是想用腻子可以填补墙上的坑洼不平来比喻填补老版本浏览器的功能缺失。因此，JavaScript中的腻子脚本可以让老旧浏览器支持新特性。不过，腻子脚本也会导致网站臃肿。因此，即使你可以使用15个腻子脚本，让IE6将一个网站渲染出和其他浏览器完全相同的效果，我们并不建议这么做。

如果你想使用HTML5中的结构化元素，可以看一看Remy Sharp最初的脚本（https://remysharp.com/2009/01/07/html5-enabling-script），或者定制一个Modernizr（https://modernizr.com/）。如果你对Modernizr并不熟悉，下一章有一节专门介绍它。

好了，了解这些之后，我们可以看看怎么开始写HTML5网页了。先来看开始标签吧。

4.2 开始写 HTML5 网页

首先看HTML5文档的开始部分。没有这些代码，网页会出现问题。

```
<!DOCTYPE html>
<html lang="en">
<head>
<meta charset=utf-8>
```

一个一个来看。一般来说，每个网页都会用到这些元素，因此理解它们非常必要。

4.2.1 doctype

doctype是我们告诉浏览器文档类型的手段。如果没有这一行，浏览器将不知道如何处理后面的内容。

HTML5文档的第一行是doctype声明：

```
<!DOCTYPE html>
```

如果你喜欢小写，那么<!doctype html>也一样。

相比HTML 4.01，这一改变很受欢迎。回顾一下HTML 4.01的写法吧：

```
<!DOCTYPE html PUBLIC "-//W3C//DTD XHTML 1.0 Transitional//EN"
"http://www.w3.org/TR/xhtml1/DTD/xhtml1-transitional.dtd">
```

真是噩梦一般啊，所以我之前都是复制粘贴这几行。

HTML5的doctype短小易懂，只有<!DOCTYPE html>。据我了解，这已经是告诉浏览器如何以“标准模式”渲染网页的最短方式了。

想知道“混杂”与“标准”模式的区别？还是看维基百科吧：https://en.wikipedia.org/wiki/Quirks_mode。

4.2.2 HTML标签与lang属性

doctype声明之后是开发的html标签，也是文档的根标签。同时，我们使用了lang属性指定了文档的语言。然后是head标签：

```
<html lang="en">
<head>
```

4.2.3 指定替代语言

根据W3C的规范（https://www.w3.org/TR/html5/dom.html#the-lang-and-xml:lang-attributes），lang属性指定元素内容以及包含文本的元素属性使用的主语言。如果正文内容不是英文的，最好指定正确的语言。比如，如果是日语，相应的HTML标签应该是<html lang="ja">。完整的语言列表在这里：http://www.iana.org/assignments/language-subtag-registry。

4.2.4 字符编码

最后是指定字符编码。因为这是一个空元素（不能包含任何内容的元素），所以不需要结束标签：

```
<meta charset="utf-8">
```

除非确实有需要，否则这里charset属性的值一般都是utf-8。更多信息可以参考这个链接：https://www.w3.org/International/questions/qa-html-encoding-declarations#html5charset。

4.3 宽容的 HTML5

记得上学的时候，非常厉害（实际上也非常好）的数学老师有时候不来。每当这时候，大家都会松一口气，因为会有一位非常和蔼可亲的老师来代课。他会静静地坐着，让我们自己学习，不会冲我们发火，也不会挖苦谁。他在我们解题的时候不会要求大家安静，也不会在乎你是不是按照他的思路解题。他只关心你回答的是否正确，以及是否可以清楚地解释计算过程。如果HTML5是一位数学老师，就应该是那位宽容的代课老师。下面我就来解释一下这个怪异的类比。

如果注意一下自己写代码的方式，你会发现自己基本上会使用小写，而且会把属性值放在引号里，另外也会为脚本和样式声明一个type。比如，可能会这样链接样式表：

```
<link href="CSS/main.css" rel="stylesheet" type="text/css" />
```

HTML5不要求这么精确，只要这样写就行：

```
<link href=CSS/main.css rel=stylesheet >
```

注意到了吗？没有结束的反斜杠，属性值也没加引号，而且没有type声明。不过宽容的HTML5并不在乎这些，后一种写法跟前一种写法一样，完全没有问题。

这种松散的语法并不局限于链接资源，而是可以在文档中任何地方出现。比如，可以这样声明一个div元素：

```
<div id=wrapper>
```

这同样是有效的HTML5代码。插入图片也一样：

```
<img SRC=frontCarousel.png aLt=frontCarousel>
```

这行代码照样有效。没有结束标签的反斜杠，没有引号，大小写混用，都没问题。就算省略<head>标签，页面依然有效。要是XHTML 1.0的话，会怎么样呢？

想要一个HTML5模板？推荐HTML5 Boilerplate（http://html5boilerplate.com/）。这个模板预置了HTML5“最佳实践”，包括基础的样式、腻子脚本和可选的工具，比如Modernizr。阅读这个模板的代码就可以学习到很多有用的技巧，如果你有特殊需要，还可以对其定制。强烈建议选用！

4.3.1　理性编写 HTML5

我个人喜欢使用XHTML风格的语法写HTML5。换句话说，标签必须关闭，属性值必须加引号，而且大小写也必须一致。有人可能会说，不遵守这些写法可以节省很多输入工作量，而缺少的内容可以由工具来补充（换句话说，任何不需要输入的字符和内容都不输入）。但我希望自己的标记看起来一目了然，所以我也建议大家这样做。我认为清晰胜过简洁。

在编写HTML5文档时，我觉得既可以保持清晰明了，同时也能享受HTML5带来的高效率。举个例子，比如一个CSS链接，我会这样写：

```
<link href="CSS/main.css" rel="stylesheet"/>
```

这里没有省略末尾的反斜杠和引号，但省略了type属性。问题的关键在于你自己认为合适就行了。HTML5不会对你发火，不会把你的标记拿到班上展示，也不会罚你站，更不会因为标签通不过验证就给你扣上坏学生的帽子。只要你写出自己认为合适的标记就行。

我谁也不骗。我只是希望你能给属性值加上引号，也别落下线束标签的反斜杠。否则，我可能会默默地指责一下你。

无论HTML5对语法要求多宽松，都有必要检验自己的标记是否有效。有效的标记更容易理解。W3C推出验证器就是为了这个目的：https://validator.w3.org/。

不再纠结该怎么写样式标记了。下面我们赶紧看看HTML5带来的其他好处。

4.3.2　向<a>标签致敬

HTML5的一大好处就是可以把多个元素放到一个<a>标签里（哇，早该这样了，对不？）。以前，如果想让标记有效，必须每个元素分别包含一个<a>标签。比如以下HTML 4.01代码：

```
<h2><a href="index.html">The home page</a></h2>
<p><a href="index.html">This paragraph also links to the home page</
a></p>
<a href="index.html"><img src="home-image.png" alt="home-slice" /></a>
```

在HTML5中，可以省去所有内部的<a>标签，只在外面套一个就行了：

```
<a href="index.html">
  <h2>The home page</h2>
  <p>This paragraph also links to the home page</p>
  <img src="home-image.png" alt="home-slice" />
</a>
```

唯一的限制是不能把另一个<a>标签或button之类的交互性元素放到同一个<a>标签里（也很好理解），另外也不能把表单放到<a>标签里（更不用说了）。

4.4 HTML5 的新语义元素

OS X词典中关于“语义”的定义如下：

> “含义在语言或逻辑方面的分支”。

对我们而言，语义就是赋予标记含义。为什么赋予标记含义很重要？很高兴你这么问。

大多数网站的结构都很相似，包含页头、页脚、侧边栏、导航条，等等。作为网页编写者，我们会给相应的div元素起个好理解的名字（比如class="Header"）。可是，单纯从代码来看，任何用户代理（浏览器、屏幕阅读器、搜索引擎爬虫，等等）都不能确定每个div元素中包含的是什么内容。用户辅助技术也无法区分不同的div。HTML5为此引入了新的语义元素。

要了解HTML5的所有元素，请先全身放松，然后在浏览器中打开：https://www.w3.org/TR/html5/semantics.html#semantics。

我们不会介绍所有新元素，只会介绍我觉得对响应式设计最有用的那些。

4.4.1 <main>元素

很长时间以来，HTML5都没有元素用于表示页面的主内容区。在页面的主体中，主内容区就是包含主内容的区块。

刚开始，对于不在HTML5元素中的内容是否算主内容还有争议。好在后来规范改了，现在我们可以使用main标签来声明主内容区。

无论是页面中的主要内容，还是Web应用中的主要部分，都应该放到main元素中。以下规范中的内容特别有用：

> “文档的主内容指的是文档中特有的内容，导航链接、版权信息、站点标志、广告和搜索表单等多个文档中重复出现的内容不算主内容（除非网页或文档的主要内容就是搜索表单）。”

另外要注意，每个页面的主内容区只能有一个（两个主内容就没有主内容了），而且不能作为article、aside、header、footer、nav或section等其他HTML5语义元素的后代。上述这些元素倒是可以放到main元素中。

关于main元素的官方解释，请参考这个链接：https://www.w3.org/TR/html5/grouping-content.html#the-main-element。

4.4.2 <section>元素

section元素用于定义文档或应用中一个通用的区块。例如，可以用section包装联系信息、新闻源，等等。关键是要知道这个元素不是为应用样式而存在的。如果只是为了添加样式而包装内容，还是像以前一样使用div吧。

在开发Web应用时，我一般会用section包装可见组件。这样可以清楚地知道一个组件的开始和结束。

那到底什么时候该用section元素呢？可以想一想其中的内容是否会配有自然标题（如h1）。如果没有，那最好还是选div。

要了解W3C HTML5规范对<section>元素的具体规定，请参考这里：https://www.w3.org/TR/html5/sections.html#the-section-element。

4.4.3 <nav>元素

<nav>元素用于包装指向其他页面或同一页面中不同部分的主导航链接。但它不一定非要用在页脚中（虽然用在页脚中是可以的）；页脚中经常会包含页面共用的导航。

如果你通常使用无序列表（<ul>）和列表标签（<li>）来写导航，那最好改成用nav嵌套多个a标签。

要了解W3C HTML5规范对<nav>元素的具体规定，请参考这里：http://www.w3.org/TR/html5/sections.html#the-nav-element。

4.4.4 <article>元素

<article>跟<section>元素一样容易引起误解。为此，我不止一遍读了规范原文。以下是我对规范的解读。<article>用于包含一个独立的内容块。在划分页面结构时，问一问自己，想放在article中的内容如果整体复制粘贴到另一个站点中是否照样有意义？或者这样想，想放在article中的内容是不是包含了RSS源中的一篇文章？明显可以放到article元素中的内容有博客正文和新闻报道。对于嵌套<article>而言，内部的<article>应该与外部<article>相关。

要了解W3C HTML5规范对<article>元素的具体规定，请参考这里：http://www.w3.org/TR/html5/sections.html#the-article-element。

4.4.5 **<aside>**元素

<aside>元素用于包含与其旁边内容不相关的内容。实践当中，我经常用它包装侧边栏（在内容适当的情况下）。这个元素也适合包装突出引用、广告和导航元素。基本上任何与主内容无直接关系的，都可以放在这里边。对于电子商务站点来说，我会把“购买了这个商品的用户还购买了”的内容放在<aside>里面。

要了解W3C HTML5规范对<aside>元素的具体规定，请参考这里：http://www.w3.org/TR/html5/sections.html#the-aside-element。

4.4.6 **<figure>**和**<figcaption>**元素

与<figure>相关的规范原文如下：

“……因此可用于包含注解、图示、照片、代码，等等。”

比如，可以用它来重写第1章中的部分标记如下：

```
<figure class="MoneyShot">
  <img class="MoneyShotImg" src="img/scones.jpg" alt="Incredible
scones" />
  <figcaption class="ImageCaption">Incredible scones, picture from
Wikipedia</figcaption>
</figure>
```

这里用<figure>元素包装了一个小小的独立区块。在它里面，又使用<figcaption>提供了父figure元素的标题。

如果图片或代码需要一个小标题，那么这个元素非常合适（这些标题放在主文本中不太适合）。

figure元素的规范请参考这里：http://www.w3.org/TR/html5/grouping-content.html#the-figure-element。

figcaption元素的规范请参考这里：http://www.w3.org/TR/html5/grouping-content.html#the-figcaption-element。

4.4.7 **<details>**和**<summary>**元素

你是不是常常想在页面中添加一个“展开”/“收起”部件？用户单击一段摘要，就会打开相应的补充内容面板。HTML5为此提供了details和summary元素。看下面的标记（可以打开本章示例代码中的example3.html）：

```
<details>
    <summary>I ate 15 scones in one day</summary>
    <p>Of course I didn't. It would probably kill me if I did. What a
way to go. Mmmmmm, scones!</p>
</details>
```

在Chrome浏览器中打开，不用添加任何样式，默认只会显示摘要文本：

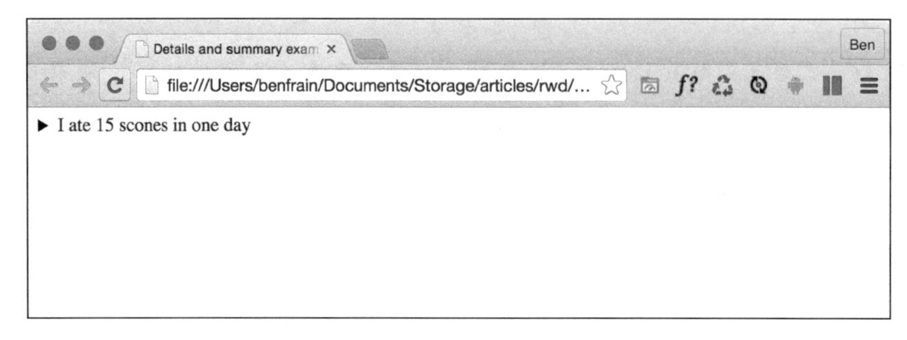

单击摘要文本，就会打开一个面板。再单击一次，面板收起。如果希望面板默认打开，可以为details元素添加open属性：

```
<details open>
    <summary>I ate 15 scones in one day</summary>
    <p>Of course I didn't. It would probably kill me if I did. What a
way to go. Mmmmmm, scones!</p>
</details>
```

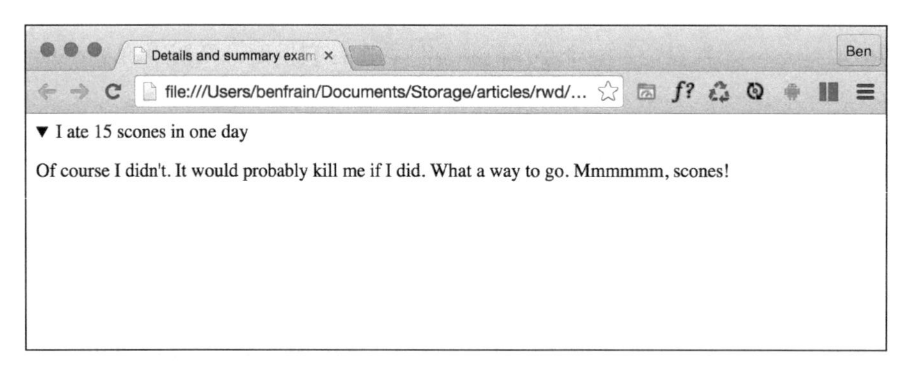

支持这两个元素的浏览器通常会添加一些样式，以便用户知道可以点击打开面板。在这个例子中，Chrome（Safari也可以）会添加一个黑色小三角图标。要禁用这个样式，可以使用针对Webkit的伪选择符：

```
summary::-webkit-details-marker {
  display: none;
}
```

当然，使用同样的选择符也可以添加不同于默认的样式。

目前还不能为展开和收起面板添加动画。同样，也不能收起其他（已经打开的同级）面板。我不太清楚这些特性将来是否可以（应该）得到支持。应该把它想象成以前使用JavaScript切换display:none的效果。

可惜在写作本书时（2015年年中），Firefox和IE都不支持上述行为，只会渲染出两个行内元素来。有相应的腻子脚本（https://mathiasbynens.be/notes/html5-details-jquery），希望将来这两个浏览器能原生支持它们。

4.4.8 <header>元素

实践中，可以将<header>元素用在站点页头作为“报头”，或者在<article>元素中用作某个区块的引介区。它可以在一个页面中出现多次（比如页面中每个<section>中都可以有一个<header>）。

要了解W3C HTML5规范对<header>元素的具体规定，请参考这里：http://www.w3.org/TR/html5/sections.html#the-header-element。

4.4.9 <footer>元素

<footer>元素应该用于在相应区块中包含与区块相关的内容，可以包含指向其他文档的链接，或者版权声明。与<header>一样，<footer>同样可以在页面中出现多次。比如，可以用它作为博客的页脚，同时用它包含文章正文的末尾部分。不过，规范里说了，作者的联系信息应该放在<address>元素中。

要了解W3C HTML5规范对<footer>元素的具体规定，请参考这里：http://www.w3.org/TR/html5/sections.html#the-footer-element。

4.4.10 <address>元素

<address>元素明显用于标记联系人信息，为最接近的<article>或<body>所用。不过有一点不好理解，它并不是为包含邮政地址准备的（除非该地址确实是相关内容的联系地址）。邮政地址以及其他联系信息应该放在传统的<p>标签里。

我不太喜欢用<address>，因为我觉得如果能单独使用它来标记某个物理地址会更有用，但这只是个人偏好。希望你能觉得它有用。

要了解W3C HTML5规范对<address>元素的具体规定，请参考这里：http://www.w3.org/TR/html5/sections.html#the-address-element。

4.4.11 h1到h6

最近我才知道，原来规范是不推荐使用h1到h6来标记标题和副标题的。我说的是比如这样：

```
<h1>Scones:</h1>
<h2>The most resplendent of snacks</h2>
```

HTML5规范是这么说的：

> "h1到h6元素不能用于标记副标题、字幕、广告语，除非想把它们用作新区块或子区块的标题。"

这应该是规范中少见的表述清晰的句子了。

那我们怎么估计其可能性呢？规范本身有一整节在讲这些（https://www.w3.org/TR/html5/common-idioms.html#common-idioms）。我个人更喜欢用<hgroup>元素，只可惜它已经风光不再了（更多信息，请参考4.6节）。根据规范的建议，前面的代码应该重写成这样：

```
<h1>Scones:</h1>
<p>The most resplendent of snacks</p>
```

4.5 HTML5文本级元素

除了刚刚介绍的结构化和分组元素，HTML5还修订了一些以前作为行内元素使用的标签。修订之后，HTML5规范称它们为“文本级语义标签”（https://www.w3.org/TR/html5/text-level-semantics.html#text-level-semantics）。下面来看几个常见的例子。

4.5.1 <b>元素

过去，人们常用<b>元素来加粗文本（https://www.w3.org/TR/html4/present/graphics.html#edef-B）。追溯历史，这种用法起源于让标记语言承担样式功能的时候。而现在，可以把它用作一个添加CSS样式的标记，正如HTML5规范所说：

> "<b>元素表示只为引人注意而标记的文本，不传达更多的重要性信息，也不用于表达其他的愿望或情绪。比如，不用于文章摘要中的关键词、评测当中的产品名、交互式文本程序中的可执行命令，等等。"

尽管现在的<b>元素并无特殊含义，但既然它是文本级的，那就不能用它来包围一大段其他标记，这时候应该用div。另外，由于过去人们常用它来加粗文本，如果你不想让它把自己的内容展示为粗体，一定要在CSS里重置它的font-weight。

4.5.2　<em>元素

没错，我一般用<em>就只是为了给文本添加样式。我需要调整自己的用法，因为HTML5说：

“em元素表示内容中需要强调的部分。”

因此，除非你想强调内容，否则可以考虑<b>标签，或者在合适的情况下，选<i>也行。

4.5.3　<i>元素

HTML5规范里这么描述<i>元素：

“一段文本，用于表示另一种愿望或情绪，或者以突出不同文本形式的方式表达偏离正文的意思。”

总之，它不仅仅用于把文本标为斜体。比如，可以用它在文本中标记出罕用的名字：

```
<p>However, discussion on the hgroup element is now frustraneous as
it's now gone the way of the <i>Raphus cucullatus</i>.</p>
```

HTML5中还有很多其他的文本级元素，要了解这些元素，请参考规范中相关的部分：https://www.w3.org/TR/html5/text-level-semantics.html#text-level-semantics。

4.6　作废的 HTML 特性

除了脚本链接中的语言特性外，还有一些之前常用的特性现在在HTML5中已经作废了。HTML5宣布作废的特性可分两类：兼容和不兼容。兼容特性还可以用，但在验证器中会收到警告。现实当中应该尽量不用它们，但用它们也不会出什么问题。不兼容特性可能在某些浏览器中仍然可以正确渲染，但确实非常不鼓励你用，如果你非要用，可能会有问题。

说到作废和不兼容特性，实际上很多我以前都没用过（有些甚至从来不知道）。相信不少读者跟我类似。不过，要是你真的很好奇，可以看看这个完整的作废且不兼容特性的列表：https://www.w3.org/TR/html5/obsolete.html。主要包括：strike、center、font、acronym、frame和frameset。

还有一些特性在最初的HTML5草案中存在过，但现在已经删掉了。比如hgroup，最初想用它作为标题组，可以把主标题h1和副标题h2放到它里面。不过，现在再讨论hgroup已经没什么意义了，因为它已经作古（可以Google，愿意你就试试）。

4.7　使用 HTML5 元素

现在该实际用一用我们介绍的HTML5元素了。以第1章的例子为起点，看看下面的代码哪些用上了新的HTML5元素？

```
<article>
  <header class="Header">
    <a href="/" class="LogoWrapper"><img src="img/SOC-Logo.png"
alt="Scone O'Clock logo" /></a>
    <h1 class="Strap">Scones: the most resplendent of snacks</h1>
  </header>
  <section class="IntroWrapper">
    <p class="IntroText">Occasionally maligned and misunderstood; the
scone is a quintessentially British classic.</p>
    <figure class="MoneyShot">
      <img class="MoneyShotImg" src="img/scones.jpg" alt="Incredible
scones" />
      <figcaption class="ImageCaption">Incredible scones, picture from
Wikipedia</figcaption>
    </figure>
  </section>
  <p>Recipe and serving suggestions follow.</p>
  <section class="Ingredients">
    <h3 class="SubHeader">Ingredients</h3>
  </section>
  <section class="HowToMake">
    <h3 class="SubHeader">Method</h3>
  </section>
  <footer>
    Made for the book, <a href="http://rwd.education">'Resonsive
web design with HTML5 and CSS3'</a> by <address><a href="http://
benfrain">Ben Frain</a></address>
  </footer>
</article>
```

凭常识选择元素

这里删除了很多内部包含的内容，因为我们想聚焦于结构。相信你也觉得从标记中找出不同的区块并不难。不过，此时此刻我还是想提供一个实用的建议。某一时刻选错了标记并不意味着世界末日。比如，在前面的例子中是用<section>还是<div>并没有那么重要。如果在应该用<i>的地方用了<em>，我也不觉得有什么罪恶感。W3C制定规范的人不会追究你。你要做的就是运用一点点常识。也就是说，如果你可以在合适的地方使用<header>和<footer>，那么就会带来无障碍方面的好处。

4.8 WCAG 和 WAI-ARIA

早在本书第一版写作时（2011年到2012年），W3C就已经大刀阔斧地决心让编写无障碍网页更简单。

4.8.1 WCAG

WCAG的宗旨是：

“提供一份能满足个人、组织和政府间国际交流需求的Web内容无障碍的标准。”

一些相对陈旧的网页（相对于单页Web应用而言），有必要参考WCAG指南。这份指南提供了很多（大部分是常识性的）有关让网页无障碍访问的建议。每个建议对应一个一致性级别：A、AA或AAA。关于一致性级别的具体内容，可以参考这里：https://www.w3.org/TR/UNDERSTANDING-WCAG20/conformance.html#uc-levels-head。

看了以后，你可能会发现自己已经按照其中很多建议做了，比如为图片提供替代文本。可是，我还是建议大家看看这份简明指南（https://www.w3.org/WAI/WCAG20/glance/Overview.html），然后定制一份属于自己的参考列表（https://www.w3.org/WAI/WCAG20/quickref/）。

强烈建议每一位读者花一两个小时看看这份清单。其中很多建议实际做起来非常简单，但对用户却能提供很大的便利。

4.8.2 WAI-ARIA

WAI-ARIA的目标是总体上解决网页动态内容的无障碍问题。它提供了用于描述自定义部件（Web应用中的动态部分）的角色、状态和属性方法，从而可以让使用辅助阅读设备的用户识别并利用这些部件。

举个例子，如果屏幕上有一个部件显示不断更新的股票价格，那失明的用户在访问这个页面时怎么知道那是股价呢？WAI-ARIA致力于解决这些问题。

不要对语义元素使用角色

以前，给页头或页脚添加“地标”角色是推荐的做法，比如：

```
<header role="banner">A header with ARIA landmark banner role</header>
```

可是现在看来这样做是多余的。如果你看规范，找到前面介绍的那些元素，都会看一个Allowed ARIA role attribute部分。以下就是`section`元素对应部分的说明：

“可以使用的ARIA role属性值：

region（默认，不要设置）、alert、alertdialog、application、contentinfo、dialog、document、log、main、marquee、presentation、search或status。”

这里的关键是“region（默认，不要设置）”。这句话表明给这个元素添加ARIA角色没有意义，因为元素本身已经暗含了相应的角色。规范中的一个说明让我们更容易理解这一点：

> “多数情况下，设置与ARIA默认暗含的语义匹配的ARIA角色或aria-*属性是不必要的，也是不推荐的，因为浏览器已经设置了这些属性。”

4.8.3　如果你只能记住一件事

方便辅助技术的最简单方式就是尽可能使用正确的元素。比如`header`元素远比`div class="Header"`有用。类似地，如果页面中有一个按钮，使用`button`元素（而不是`span`或其他用样式装扮成按钮的元素）。我承认，有时候并不能随心所欲地给`button`设置样式（比如`display: table-cell`或`display: flex`），但这时候至少应该选择更接近的方案，比如`<a>`标签。

4.8.4　ARIA的更多用途

ARIA并非只能用于标记“地标”。关于它的更多用途，可以看这份关于角色及其适用场景的简洁介绍：http://www.w3.org/TR/wai-aria/roles。

另外，我想推荐大家看一看Heydon Pickering的书：*Apps For All: Coding Accessible Web Applications*（购买地址：https://shop.smashingmagazine.com/products/apps-for-all）。

使用NVDA测试你的设计

如果你在Windows平台上做开发，可能希望在屏幕阅读器上测试ARIA特性。为此，我推荐NVDA（Non-Visual Desktop Access），它免费，地址是：http://www.nvaccess.org/。

谷歌的Chrome浏览器现在也提供了免费的“Accessibility Developer Tools”（可跨平台），非常值得一试。

还有越来越多的工具可以用来快速测试色盲用户的体验等。比如，https://michelf.ca/projects/sim-daltonism/就是一个Mac应用，可以切换色盲的类型，让你在浮动的调色板中看到预览。

最后，OS X也包含一个VoiceOver实用工具，可用于测试网页。

希望以上对WAI-ARIA和WCAG的简单介绍，可以让你稍微想一想怎么通过自己的设计方便那些使用辅助技术上网的用户。在下一个HTML5项目里增加对辅助技术的支持并不像你想的那么难。

最后再向大家推荐一个关于无障碍性的资源，那就是A11Y项目：http://a11yproject.com/。这个网站上有很多链接和实用的建议。

4.9　在 HTML5 中嵌入媒体

对很多人来说，是苹果拒绝在iOS设备中支持Flash才让HTML5进入他们的视野。Flash的市场份额曾经非常之高（有人甚至认为它阻碍了市场发展），主要用于在网页中播放视频。然而，苹果并没有选择使用Adobe专有的技术，而是决定使用HTML5渲染富媒体内容。虽然HTML5在富媒体方面确实有了长足进步，但苹果的公开支持却给了它很大的推动，使其媒体工具获得了社区的广泛关注。

可以想见，IE8及更低版本的IE不支持HTML5视频和音频。多数其他现代浏览器（Firefox 3.5+、Chrome 4+、Safari 4、Opera 10.5、IE9+、iOS 3.2+、Opera Mobile 11+、Android 2.3+）都能正常处理它们。

4.9.1　使用 HTML5 视频和音频

在HTML5中添加视频和音频很简单。唯一麻烦的是列出可替代的媒体资源（因为不同的浏览器支持的媒体格式不同）。目前，MP4已经是可以跨桌面和移动平台的格式，因此在网页中添加HTML5视频也变得非常简单。以下是一个使用HTML5链接到视频的例子：

```
<video src="myVideo.mp4"></video>
```

在HTML5中，只要一对`<video></video>`（或`<audio></audio>`）标签就可以了。也可以在这对标签中间添加文本，以便出问题时让用户知道这里是什么。当然，还有一些属性是通常都需要添加的，比如`width`和`height`：

```
<video src="myVideo.mp4" width="640" height="480">What, do you mean
you don't understand HTML5?</video>
```

好，如果把前面的代码放到网页里，用Safari打开，就能看到视频，但没有播放控件。要使用默认的播放控件，还需要添加`controls`属性。也可以添加`autoplay`属性（不推荐，因为大家都不喜欢默认播放视频）。请看下面修改后的代码：

```
<video src="myVideo.mp4" width="640" height="480" controls autoplay>
What, do you mean you don't understand HTML5?</video>
```

添加了前面的属性后，就可以在浏览器中看到下面的屏幕截图了：

其他属性还有：preload用于控制媒体的预加载（较早使用HTML5的读者要注意用preload替换autobuffer），loop用于重复播放，还有poster用于设置视频的首屏图像。预加载对于缓存视频延迟很有用。要使用某个属性，只要在标签中添加它即可，比如：

```
<video src="myVideo.mp4" width="640" height="480" controls autoplay
preload="auto" loop poster="myVideoPoster.png">What, do you mean you
don't understand HTML5?</video>
```

旧版本浏览器的后备

如果需要，可以使用<source>标签在旧版本的浏览器中提供后备资源。比如，除了提供MP4版本的视频，如果想让IE8及更低版本的IE也能看到视频，可以添加一个Flash源作为后备。更进一步，如果用户浏览器没有任何播放条件，还可以提供一个下载视频的链接。看下面的例子：

```
<video width="640" height="480" controls preload="auto" loop
poster="myVideoPoster.png">
    <source src="video/myVideo.mp4" type="video/mp4">
    <object width="640" height="480" type="application/x-shockwaveflash"
data="myFlashVideo.SWF">
      <param name="movie" value="myFlashVideo.swf" />
      <param name="flashvars" value="controlbar=over&amp;image=myVideo
```

```
Poster.jpg&amp;file=myVideo.mp4" />
      <img src="myVideoPoster.png" width="640" height="480" alt="__
TITLE__"
           title="No video playback capabilities, please download the
video below" />
    </object>
    <p><b>Download Video:</b>
  MP4 Format: <a href="myVideo.mp4">"MP4"</a>
    </p>
</video>
```

这段代码示例和示例视频文件（视频里，我在UK soap Coronation Street现身，当时还留着头发，注视着《午夜狂奔》的主演罗伯特·德尼罗）的MP4版在本章代码的example2.html中可以找到。

4.9.2 audio 与 video 几乎一样

`<audio>`标签与`<video>`标签的属性相同（当然不包括`width`、`height`和`poster`）。它们的主要区别，当然是音频没有视频需要的播放区域。

4.10 响应式 HTML5 视频与内嵌框架

我们已经看到了，支持老旧版本浏览器会导致代码臃肿。本来就一两行的`video`标签，为了支持旧版本的IE得变成十几行（外加一个Flash文件）！我个人一般为了追求文件更小，不会添加Flash后备；当然，每个人的情况不同。

现在，HTML5视频的唯一问题就是它不是响应式的。没错，这是一个在讲响应式Web设计的书里出现的一个不“响应”的例子。

不过，对于HTML5嵌入视频，要让它变成响应式的很简单。只要把高度和宽度属性删掉（比如，删除`width="640" height="480"`），并添加以下CSS：

```
video { max-width: 100%; height: auto; }
```

这样虽然能解决本地服务器上的视频问题，却不能解决内嵌框架中的嵌入视频（比如来自YouTube、Vimeo和其他来源的视频）。以下代码会在当前页面添加来自YouTube的《午夜狂奔》的电影预告片：

```
<iframe width="960" height="720" src="https://www.youtube.com/
watch?v=B1_N28DA3gY" frameborder="0" allowfullscreen></iframe>
```

如果就这样添加到页面中，即使应用了前面的CSS，当视口小于960像素时，也会有一部分影像被遮住。

解决这个问题的最简单方式，就是采用法国CSS大师Thierry Koblentz的技术。本质上是创建一个比例相同的盒子来包含视频。关于这里边有什么“魔法”，这里就不泄露了，大家看原文吧：http://alistapart.com/article/creating-intrinsic-ratios-for-video。

如果你稍微懒那么一点点，还可以根本不用计算什么比例，也不用自己写插入代码，因为有这样的在线服务。打开http://embedresponsively.com/，把内嵌框架的URL粘贴进去。然后你会得到一段代码，把它贴到自己的页面里就行了。比如，我们《午夜狂奔》的电影预告片会得到以下代码：

```
<style>.embed-container { position: relative; padding-bottom: 56.25%;
height: 0; overflow: hidden; max-width: 100%; height: auto; } .embedcontainer
iframe, .embed-container object, .embed-container embed {
position: absolute; top: 0; left: 0; width: 100%; height: 100%; }</
style><div class='embed-container'><iframe src='http://www.youtube.
com/embed/B1_N28DA3gY' frameborder='0' allowfullscreen></iframe></div>
```

这就是所有代码了，把它粘贴到网页中就成了。这样，就有了一个响应式的YouTube视频。（听着孩子，别跟罗伯特·德尼罗学，吸烟不好！）

4.11　关于“离线优先”

我认为创建响应式网页及Web应用的理想方式是“离线优先”（offline-first）。什么意思呢？就是要保证网站和应用始终可以打开，即使不上网也能加载到内容。

HTML5离线Web应用（https://www.w3.org/TR/2011/WD-html5-20110525/offline.html）就是为了这个目的制定的。

虽然浏览器对离线Web应用的支持不错（http://caniuse.com/#feat=offline-apps），可惜这个方案并不完美。它设置起来简单，可是也有不少局限和缺点。罗列陈述这些内容已经超出本书范畴。不过，我想推荐大家看一看Jake Archibald这篇幽默又全面的文章：http://alistapart.com/article/application-cache-is-a-douchebag。

因此我赞成虽然可以使用离线Web应用（有一个不错的教程：http://diveintohtml5.info/offline.html）和LocalStorage（或它们的组合）实现离线优先的体验，但其实我们刚刚有了一个不错的方案，那就是Service Workers（https://www.w3.org/TR/service-workers/）。

在本书写作时，Service Workers还是一个比较新的规范。建议大家看看这个只有15分钟的视频简介，了解一下它是什么：https://www.youtube.com/watch?v=4uQMl7mFB6g。然后，再看一看这篇入门文章：http://www.html5rocks.com/en/tutorials/service-worker/introduction/。最后，再看看浏览器对它的支持情况：https://jakearchibald.github.io/isserviceworkerready/。

希望在我写这本书第三版的时候，可以针对这个技术写一个全面的介绍和实现。共同期盼吧！

4.12 小结

这一章的内容可不少。从基本的HTML5网页结构，到嵌入富媒体（视频）并确保它们适应视口变化，可谓应有尽有。

虽然这一章内容并不专门针对响应式设计，但我们了解了如何编写富有语义的代码，知道了怎么让网页对那些依赖辅助技术的用户同样有用。

当然，这一章的代码示例也很多。以下几章将拥抱强大的CSS及其灵活性。首先要讲一讲CSS 3级和4级的选择符、新的视口相关的CSS单位，以及calc和HSL颜色。这些技术可以让我们更高效、更有信心地创建可维护的响应式设计。

第5章 CSS3新特性

过去几年，CSS增加了很多新特性，有的用于实现元素动画与变形，有的用于实现背景图片、渐变、蒙板和滤镜效果，有的则用于在网页中应用SVG。

接下来的几章，我们会接触所有这些新特性。首先，我想最好从最基础的CSS变化开始：选择页面中元素的新选择符、用于改变元素样式和大小的单位、现有（以及将来）的伪类和伪元素。另外，我们再讨论一下怎么在CSS代码中创建分支，以利用不同浏览器支持的不同特性。

本章内容：

- 剖析CSS规则（规则、声明，以及属性/值对）
- 实现响应式设计的便捷CSS特性（多列、断字、截取/略文、区域滚动）
- CSS中创建分支的特性（让有的规则在某些浏览器中生效，另一些规则在其他浏览器中生效）
- 使用子字符串属性选择符来选择HTML元素
- 什么是`nth`选择符，如何使用
- 什么是伪类和伪元素选择符（`:empty`、`:before`、`:after`、`:target`、`:scope`）
- CSS Level 4中的新选择符（`:has`）
- 什么是CSS变量和自定义属性
- 如何使用CSS的`calc`函数
- 利用视口相关的单位（`vh`、`vw`、`vmin`和`vmax`）
- 如何利用`@font-face`优化网页布局
- 带alpha透明度的RGB和HSL颜色模式

5.1 没人无所不知

没人什么都知道。我使用CSS已经10多年了，每周都会发现新的CSS特性（或者发现某些自己以前知道但忘了的东西）。为此，我认为企图知道CSS的所有属性和值的可能组合是不现实的。相反，与其如此，不如让自己知道可以用CSS实现什么更好。

本章只关注一些对响应式设计有用的CSS技术、单位和选择符。希望大家学习之后能够解决自己做响应式设计时可能遇到的问题。

5.2 剖析 CSS 规则

在具体探讨CSS新特性之前，为避免概念不清，有必要先明确一下CSS规则的构成。以下面的代码为例：

```
.round { /* 选择符 */
  border-radius: 10px; /* 声明 */
}
```

这条规则由选择符（.round）和声明（border-radius: 10px;）构成。声明又由属性（border-radius:）和值（10px;）构成。跟你心里的定义一样？很好，咱们继续。

> **别忘了检查浏览器支持情况**
>
> 随着接触的CSS3新特性越来越多，如果想知道浏览器对它们的支持情况，可以访问一下http://caniuse.com/。除了显示支持的浏览器版本（按特性搜索），这个网站还从http://gs.statcounter.com/取得并显示最近的全球使用情况。

5.3 便捷的 CSS 技巧

在每天的工作中，我发现自己经常会用一些CSS3特性。把这些特性分享给大家应该有用。这些特性能够提高工作效率，特别是对响应式设计非常有帮助，而且可以相对轻松地解决以往令人头疼的问题。

CSS 响应式多列布局

有没有过把一段文本分成多列显示的需求？可以把文本分别放在不同的元素中，然后分别添加样式。可是，纯粹为了添加样式而修改标记并不是值得提倡的。CSS多列布局规范描述了如何通过多列显示文本。比如以下标记：

```
<main>
    <p>lloremipsimLoremipsum dolor sit amet, consectetur
<!-- 省略很多文本 -->
</p>
    <p>lloremipsimLoremipsum dolor sit amet, consectetur
<!-- 省略很多文本 -->
</p>
</main>
```

使用CSS多列布局可以通过几种方式让文本分成多列显示。可以给每一列设定固定的列宽（比如12em），也可以指定内容需要填充的列数（比如3）。

下面就用代码说明以上做法。要设定列宽，使用以下语法：

```
main {
  column-width: 12em;
}
```

以上代码的意思就是内容要填充的列宽度为12em，无论视口多宽。改变视口宽度会动态改变列数。具体可以看一下example_05-01（或者访问GitHub仓库：https://github.com/benfrain/rwd）。

下面是页面在iPad横向（视口768像素宽）的情况下的效果：

以下是桌面Chrome浏览器（视口大约1100像素）中的效果：

Multi column text with a si
Ben

Lorem ipsum dolor sit amet,
consectetur adipisicing elit, sed do
eiusmod tempor incididunt ut
labore et dolore magna aliqua. Ut
enim ad minim veniam, quis
nostrud exercitation ullamco laboris
nisi ut aliquip ex ea commodo
consequat. Duis aute irure dolor in
reprehenderit in voluptate velit esse
cillum dolore eu fugiat nulla
pariatur. Excepteur sint occaecat
cupidatat non proident, sunt in
culpa qui officia deserunt mollit
anim id est laborum. Lorem ipsum
dolor sit amet, consectetur
adipisicing elit, sed do eiusmod
tempor incididunt ut labore et
dolore magna aliqua. Ut enim ad
minim veniam, quis nostrud
exercitation ullamco laboris nisi ut
aliquip ex ea commodo consequat.
Duis aute irure dolor in
reprehenderit in voluptate velit esse

cillum dolore eu fugiat nulla
pariatur. Excepteur sint occaecat
cupidatat non proident, sunt in
culpa qui officia deserunt mollit
anim id est laborum. Lorem ipsum
dolor sit amet, consectetur
adipisicing elit, sed do eiusmod
tempor ncididunt ut labore et dolore
magna aliqua. Ut enim ad minim
veniam, quis nostrud exercitation
ullamco laboris nisi ut aliquip ex ea
commodo consequat. Duis aute
irure dolor in reprehenderit in
voluptate velit esse cillum dolore eu
fugiat nulla pariatur.Lorem ipsum
dolor sit amet, consectetur
adipisicing elit, sed do eiusmod
tempor incididunt ut labore et
dolore magna aliqua. Ut enim ad
minim veniam, quis nostrud
exercitation ullamco laboris nisi ut
aliquip ex ea commodo consequat.
Duis aute irure dolor in

reprehenderit in voluptate velit esse
cillum dolore eu fugiat nulla
pariatur. Excepteur sint occaecat
cupidatat non proident, sunt in
culpa qui officia deserunt mollit
anim id est laborum. Lorem ipsum
dolor sit amet, consectetur
adipisicing elit, sed do eiusmod
tempor incididunt ut labore et
dolore magna aliqua. Ut enim ad
minim veniam, quis nostrud
exercitation ullamco laboris nisi ut
aliquip ex ea commodo consequat.
Duis aute irure dolor in
reprehenderit in voluptate velit esse
cillum dolore eu fugiat nulla
pariatur. Excepteur sint occaecat
cupidatat non proident, sunt in
culpa qui officia deserunt mollit
anim id est laborum. Lorem ipsum
dolor sit amet, consectetur
adipisicing elit, sed do eiusmod
tempor ncididunt ut labore et dolore

magna aliqua. Ut enim ad minim
veniam, quis nostrud exercitation
ullamco laboris nisi ut aliquip ex ea
commodo consequat. Duis aute
irure dolor in reprehenderit in
voluptate velit esse cillum dolore eu
fugiat nulla pariatur.Lorem ipsum
dolor sit amet, consectetur
adipisicing elit, sed do eiusmod
tempor incididunt ut labore et
dolore magna aliqua. Ut enim ad
minim veniam, quis nostrud
exercitation ullamco laboris nisi ut
aliquip ex ea commodo consequat.
Duis aute irure dolor in
reprehenderit in voluptate velit esse
cillum dolore eu fugiat nulla
pariatur. Excepteur sint occaecat
cupidatat non proident, sunt in
culpa qui officia deserunt mollit
anim id est laborum. Lorem ipsum
dolor sit amet, consectetur
adipisicing elit, sed do eiusmod

tempor incididunt ut labore et
dolore magna aliqua. Ut enim ad
minim veniam, quis nostrud
exercitation ullamco laboris nisi ut
aliquip ex ea commodo consequat.
Duis aute irure dolor in
reprehenderit in voluptate velit esse
cillum dolore eu fugiat nulla
pariatur. Excepteur sint occaecat
cupidatat non proident, sunt in
culpa qui officia deserunt mollit
anim id est laborum. Lorem ipsum
dolor sit amet, consectetur
adipisicing elit, sed do eiusmod
tempor ncididunt ut labore et dolore
magna aliqua. Ut enim ad minim
veniam, quis nostrud exercitation
ullamco laboris nisi ut aliquip ex ea
commodo consequat. Duis aute
irure dolor in reprehenderit in
voluptate velit esse cillum dolore eu
fugiat nulla pariatur.

一行代码就可以轻松实现响应式多列，不错吧！

1. 固定列数，可变宽度

如果想让列数固定，宽度可变，可以这样写规则：

```
main {
    column-count: 4;
}
```

2. 添加列间距和分隔线

还可以给列间添加间距和分隔线：

```
main {
    column-gap: 2em;
    column-rule: thin dotted #999;
    column-width: 12em;
}
```

结果如下：

eu fugiat nulla pariatur. Excepteur
sint occaecat cupidatat non
proident, sunt in culpa qui officia
deserunt mollit anim id est
laborum. Lorem ipsum dolor sit
amet, consectetur adipisicing elit,
sed do eiusmod tempor ncididunt
ut labore et dolore magna aliqua.
Ut enim ad minim veniam, quis
nostrud exercitation ullamco
laboris nisi ut aliquip ex ea
commodo consequat. Duis aute
irure dolor in reprehenderit in
voluptate velit esse cillum dolore
eu fugiat nulla pariatur.Lorem
ipsum dolor sit amet, consectetur
adipisicing elit, sed do eiusmod
tempor incididunt ut labore et
dolore magna aliqua. Ut enim ad
minim veniam, quis nostrud
exercitation ullamco laboris nisi
ut aliquip ex ea commodo
consequat. Duis aute irure dolor
in reprehenderit in voluptate velit

esse cillum dolore eu fugiat nulla
pariatur. Excepteur sint occaecat
cupidatat non proident, sunt in
culpa qui officia deserunt mollit
anim id est laborum. Lorem
ipsum dolor sit amet, consectetur
adipisicing elit, sed do eiusmod
tempor incididunt ut labore et
dolore magna aliqua. Ut enim ad
minim veniam, quis nostrud
exercitation ullamco laboris nisi
ut aliquip ex ea commodo
consequat. Duis aute irure dolor
in reprehenderit in voluptate velit
esse cillum dolore eu fugiat nulla
pariatur. Excepteur sint occaecat
cupidatat non proident, sunt in
culpa qui officia deserunt mollit
anim id est laborum. Lorem
ipsum dolor sit amet, consectetur
adipisicing elit, sed do eiusmod
tempor ncididunt ut labore et
dolore magna aliqua. Ut enim ad
minim veniam, quis nostrud

exercitation ullamco laboris nisi
ut aliquip ex ea commodo
consequat. Duis aute irure dolor
in reprehenderit in voluptate velit
esse cillum dolore eu fugiat nulla
pariatur.Lorem ipsum dolor sit
amet, consectetur adipisicing elit,
sed do eiusmod tempor incididunt
ut labore et dolore magna aliqua.
Ut enim ad minim veniam, quis
nostrud exercitation ullamco
laboris nisi ut aliquip ex ea
commodo consequat. Duis aute
irure dolor in reprehenderit in
voluptate velit esse cillum dolore
eu fugiat nulla pariatur. Excepteur
sint occaecat cupidatat non
proident, sunt in culpa qui officia
deserunt mollit anim id est
laborum. Lorem ipsum dolor sit
amet, consectetur adipisicing elit,
sed do eiusmod tempor incididunt
ut labore et dolore magna aliqua.
Ut enim ad minim veniam, quis

nostrud exercitation ullamco
laboris nisi ut aliquip ex ea
commodo consequat. Duis aute
irure dolor in reprehenderit in
voluptate velit esse cillum dolore
eu fugiat nulla pariatur. Excepteur
sint occaecat cupidatat non
proident, sunt in culpa qui officia
deserunt mollit anim id est
laborum. Lorem ipsum dolor sit
amet, consectetur adipisicing elit,
sed do eiusmod tempor ncididunt
ut labore et dolore magna aliqua.
Ut enim ad minim veniam, quis
nostrud exercitation ullamco
laboris nisi ut aliquip ex ea
commodo consequat. Duis aute
irure dolor in reprehenderit in
voluptate velit esse cillum dolore
eu fugiat nulla pariatur.

更多内容，建议大家去看CSS3 Multi-column Layout Module：https://www.w3.org/TR/css3-multicol/。

目前，虽然该规范已经成为候选标准，但很可能还需要给列声明添加供应商前缀才能保证最大兼容性。

关于CSS多列布局，我觉得唯一一点需要说明的，就是如果每一列文本太长可能影响用户体验。这是因为用户需要反复上下滚动页面，会很麻烦。

5.4　断字

有多少回需要把很长的URL放到很小的空间里，然后又很绝望？看看下面的屏幕截图，URL已经跑到了灰底区域的外面。

http://dowebsitesneedtolookexactlythesameineverybrowser.com/

使用一个CSS3声明可以很轻松地修复它，这个声明凑巧还能支持IE5.5：

```
word-wrap: break-word;
```

把它应用给包含元素，会得到如下图所示的效果：

看，长URL完美折行！

5.4.1　截短文本

截短文本以前一直是服务器端来做。今天，只用CSS照样可以实现了。下面看看具体怎么做。

比如有以下标记（参见example_05-03）：

```
<p class="truncate">OK, listen up, I've figured out the key eternal
happiness. All you need to do is eat lots of scones.</p>
```

但我们想让它在520像素宽的容器里显示成这样：

OK, listen up, I've figured out the key eternal happiness. All you need to do is …

以下是实现这一效果的CSS：

```
.truncate {
  width: 520px;
  overflow: hidden;
  text-overflow: ellipsis;
  white-space: no-wrap;
}
```

关于text-overflow属性，可以参考规范原文：http://dev.w3.org/csswg/css-ui-3/。

只要内容超出既定宽度（如果是在一个弹性容器里，可以设置为100%），就会被截短。最后的white-space: nowrap声明是为了确保长出来的文本不会折行显示在外部元素中。

5.4.2 创建水平滚动面板

相信有人明白这个标题的意思。所谓水平滚动面板，就是iTunes商店和Apple TV中显示的相关内容面板（电影、专辑呀什么的）。在水平空间允许的情况下，可以看到所有商品。而在空间受限时（比如手机上），面板就可以左右滚动。

滚动面板在安卓和iOS设备上特别合适。如果你手边有一台iOS或安卓设备，可以看一看下一个例子的效果：http://fwd.education/code/ch5/example_05-02/。再对比一下桌面浏览器Safari或Chrome中的效果。

我给2014年最卖座的电影建立了滚动面板，在iPhone中效果如下：

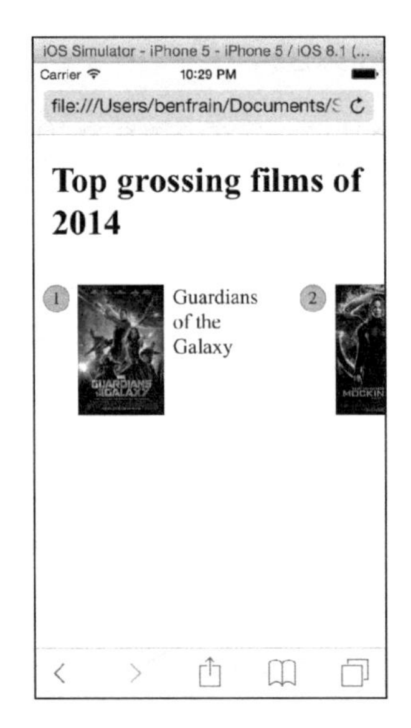

其实说CSS3并不完全对。这里的关键技术是CSS2.1中的`white-space`（https://www.w3.org/TR/CSS2/text.html）。这里把它和Flexbox布局机制融合了起来。

为了让这个技术起作用，只需用一个比所有内容加起来都窄的容器，将其X轴的`overflow`设置为`auto`。这样，它会在空间足够的情况下不提供滚动机制，而在空间不够时显示滚动条。

```
.Scroll_Wrapper {
  width: 100%;
  white-space: nowrap;
  overflow-x: auto;
  overflow-y: hidden;
}

.Item {
  display: inline-flex;
}
```

这里的`white-space: nowrap`意思是有空白的时候不折行。为了把所有内容都保持在一行，我们设置了所有子元素为行内元素。虽然使用的是`inline-flex`，其实`inline-block`或`inline-table`都可以。

::before和::after伪元素

如果查询示例代码，你会发现`::before`伪元素用于显示项目的数量。如果使用伪元素，记住为了保证`::before`和`::after`显示，它们必须包含一个`content`值，就算空白也行。显示之后，这些元素就好像相应元素的第一个和最后一个子元素一样。

为了增添点艺术情调，还可以尽量隐藏滚动条。可惜相应属性只有个别浏览器支持，所以要手工添加前缀（Autoprefixer不会添加这些属性，因为它们是专有的）。此外，这里还可以针对WebKit浏览器（iOS设备）添加一些触摸样式的滚动效果。好，现在的.Scroll_Wrapper就变成这样了：

```
.Scroll_Wrapper {
  width: 100%;
  white-space: nowrap;
  overflow-x: auto;
  overflow-y: hidden;
  /* 在WebKiet的触摸设备上出现 */
  -webkit-overflow-scrolling: touch;
  /* 在支持的IE中删除滚动条 */
  -ms-overflow-style: none;
}

/* 防止WebKit浏览器中出现滚动条 */
.Scroll_Wrapper::-webkit-scrollbar {
  display: none;
}
```

空间有限时，就会出现水平滚动面板。否则，内容适应。

这个技术还是有点问题。首先，在本书写作时，Firefox没有相应属性隐藏滚动条。其次，老版本安卓设备不支持水平滚动（真的）。因此，我建议配合特性检测来使用这个技术。稍后再介绍具体怎么做。

5.5 在 CSS 中创建分支

要做出任何地方、任何设备上都同样出色的响应式设计，经常会碰到某些设备不支持什么特性或技术的情况。此时，往往需要在CSS中创建一个分支。如果浏览器支持某特性，就应用一段代码；如果不支持，则应用另一段代码。如果是在JavaScript中，这种情况就是if/else或switch语句的用武之地。

在CSS中创建分支有两种手段。一是完全基于CSS，但支持的浏览器却不多； 二是借助JavaScript库，获得广泛兼容性。接下来我们分别看一下。

5.5.1 特性查询

CSS原生的分支语法就是特性查询，属于CSS Conditional Rules Module Level 3（http://www.w3.org/TR/css3-conditional/）。不过现在，IE11及之前的版本和Safari（包括iOS 8.1之前的iOS设备）不支持这个特性。所以说兼容性不完美。

特性查询与媒体查询语法类似，比如：

```
@supports (flashing-sausages: lincolnshire) {
  body {
    sausage-sound: sizzling;
    sausage-color: slighty-burnt;
    background-color: brown;
  }
}
```

这段样式只有浏览器支持flashing-sausages属性才会应用。我肯定没有浏览器打算支持这个属性，因此@supports块中的样式不会被应用。

下面看一个更实际的例子。在浏览器支持的情况下使用Flexbox，在不支持的情况下回退到另一种布局方案。比如：

```
@supports (display: flex) {
  .Item {
    display: inline-flex;
  }
}


@supports not (display: flex) {
  .Item {
    display: inline-block;
  }
}
```

这里定义了一块代码在浏览器支持某特性时应用，定义了另一块代码在浏览器不支持该特性时应用。这样写的前提是浏览器支持@supports，可如果不支持，这两块代码都不会被应用。

如果你涵盖不支持@supports的设备，最好首先写默认的声明，然后再写@supports声明。这样，如果浏览器支持@supports，其中的规则会覆盖默认规则；否则，其中的规则就会被忽略。因此，前面的例子可以重写成这样：

```
.Item {
  display: inline-block;
}

@supports (display: flex) {
  .Item {
    display: inline-flex;
  }
}
```

5.5.2　组合条件

也可以组合条件。假设我们只想在浏览器支持Flexbox和pointer: coarse（关于指针，可以参考第2章）时应用某些规则，可以这样写：

```
@supports ((display: flex) and (pointer: coarse)) {
  .Item {
    display: inline-flex;
  }
}
```

这里用的是and关键字。支持的关键字还有or。假如除了前面两个条件满足之外，如果浏览器支持3D变形也想应用样式，那么可以这样写：

```
@supports ((display: flex) and (pointer: coarse)) or (transform:
translate3d(0, 0, 0)) {
  .Item {
    display: inline-flex;
  }
}
```

注意前面的例子中使用了括号把几个条件分开了。

可惜的是，并非所有浏览器都支持@supports，那怎么办呢？没关系，有一个非常棒的JavaScript工具可以解决这个问题。

5.5.3 Modernizr

在@supports得到广泛支持以前，可以使用Modernizr这个JavaScript工具。目前，它是在CSS中实现分支的最可靠方式。

在需要对CSS代码开分支的时候，我一般会采用渐进增强的手段。所谓渐进增强，就是从最简单的可用代码开始，从最基本的功能开始，从支持能力最低的设备开始，逐步增强到支持能力更强的设备。

第10章有关于渐进增强的更多讨论。

下面就来看一看怎么基于Modernizr以渐进增强的方式实现CSS代码分支。

使用Modernizr检测特性

如果你做过Web开发，很可能听说过Modernizr，甚至可能用过它。Modernizr是一个放在网页中用于检测浏览器特性的JavaScript库。使用Modernizr，只要下载后把它链接到head中就行了：

```
<script src="/js/libs/modernizr-2.8.3-custom.min.js"></script>
```

这样，当浏览器加载页面后，就会运行Modernizr内置的所有测试。如果浏览器通过测试，

Modernizr会（为我们）在`html`标签上添加一个类。

比如，Modernizr在检测完浏览器特性后，可能会给`html`标签添加以下这些类：

```
<html class="js no-touch cssanimations csstransforms csstransforms3d
csstransitions svg inlinesvg" lang="en">
```

这些类只反映了部分特性，包括：动画、变形、SVG、行内SVG，以及对触摸的支持。有了这些类，CSS代码就可以像这样开分支了：

```
.widget {
  height: 1rem;
}

.touch .widget {
  height: 2rem;
}
```

在前面的例子中，部件本来是1rem高，但如果`html`标签上有（Modernizr添加的）`touch`类，那么它就会变成2rem高。

同样的逻辑也可以反过来写：

```
.widget {
  height: 2rem;
}

.no-touch .widget {
  height: 1rem;
}
```

这样就是让部件默认为2rem高，而在`html`标签上有`no-touch`类时变成1rem高。

不管怎么写代码，Modernizr都可以为分支代码提供支持。这样，如果你想使用`transform3d`，同时又想在不支持的浏览器中提供后备，那用Modernizr就会非常方便。

Modernizr能测试大多数特性，但不是全部特性。比如，`overflow-scrolling`就很难准确测试。在某类设备不能完美呈现设计时，给它们换一种设计会更好。比如，鉴于老版本安卓很难水平滚动，可以使用`no-svg`类来建立分支（因为Android 2~2.3都不支持SVG）。

或许你想创建自己的测试，虽然这个话题超出了本书范围，但我还是想推荐一篇文章：http://benfrain.com/combining-modernizr-tests-create-customconvenience-forks/。

5.6 新 CSS3 选择符

CSS3提供了很多新的选择符。虽然新选择符听起来好像没那么耀眼，但它们确实能够提高写码的效率，让你爱上CSS3。下面就来介绍它们。

5.6.1 CSS3 属性选择符

可能有人使用过属性选择符，比如以下规则：

```
img[alt] {
  border: 3px dashed #e15f5f;
}
```

其中的选择符选择任何包含alt属性的元素。好，如果想选择包含data-sausage属性的元素，就可以这样写：

```
[data-sausage] {
  /* 样式 */
}
```

没错，只要在方括号中给出属性名就行。

data-*属性是HTML5引入的一个用于保存数据的属性。相关的规范参见这里：http://www.w3.org/TR/2010/WD-html5-20101019/elements.html。

如果同时指定属性的值，还可以进一步缩小搜索范围。比如，以下规则：

```
img[alt="sausages"] {
  /* 样式 */
}
```

只会选择alt属性值为sausages的元素，比如：

```
<img class="oscarMain" src="img/sausages.png" alt="sausages" />
```

不过，以上选择符在CSS2里就可以用了。CSS3又给属性选择符增加了什么新特性呢？

5.6.2 CSS3 子字符串匹配属性选择符

CSS3支持依据属性选择符包含的子字符串来选择元素。听起来不太直观，但实际上并不难。根据子字符串匹配元素分三种情况：

- 以……开头
- 包含……
- 以……结尾

下面分别看一看。

1. 以……开头

看下面的标记：

```
<img src="img/ace-film.jpg" alt="film-ace">
<img src="img/rubbish-film.jpg" alt="film-rubbish">
```

可以使用“以……开头”选择符来选择这两个图片：

```
img[alt^="film"] {
  /* 样式 */
}
```

这里关键是^符号，它表示“以……开头”。因为这两个图片的alt属性都以film开头，所以这个选择符匹配它们俩。

2. 包含……

“包含……”的属性选择符是这样的：

```
[attribute*="value"] {
  /* 样式 */
}
```

与前面一样，可以将它和标签类型联用，不过我是只会在必要时才那么做（比如要修改使用元素类型）。

看下面的标记：

```
<p data-ingredients="scones cream jam">Will I get selected?</p>
We can select that element like this:
[data-ingredients*="cream"] {
  color: red;
}
```

这里面关键是*符号，它的意思是“包含……”。

“以……开头”选择符显示不行，因为属性值并不是以cream开头。但“包含……”是可以的。

3. 以……结尾

“以……结尾”选择符的语法如下：

```
[attribute$="value"] {
  /* 样式 */
}
```

看个例子更便于理解：

```
<p data-ingredients="scones cream jam">Will I get selected?</p>
<p data-ingredients="toast jam butter">Will I get selected?</p>
<p data-ingredients="jam toast butter">Will I get selected?</p>
```

假设我们只想选择包含data-ingredients属性中同时包含scrones、cream和jam的元素（第一个元素）。这时候可以使用“以……结尾”选择符：

```
[data-ingredients$="jam"] {
color: red;
}
```

这里关键是$符号，意思是“以……结尾”。

5.6.3　属性选择符的注意事项

对属性选择符而言，属性被当成一个字符串。比如以下CSS规则：

```
[data-film^="film"] {
  color: red;
}
```

并不会选择以下元素：

```
<span data-film="awful moulin-rouge film">Moulin Rouge is dreadful</
span>
```

这是因为data-film属性并不以film开头，而是以awful开头。

除了前面介绍的三种属性选择符，还可以使用“空格分隔的”属性选择符（注意~符号），IE7都支持：

```
[data-film~="film"] {
  color: red;
}
```

当然也可以选择整个属性：

```
[data-film="awful moulin-rouge film"] {
  color: red;
}
```

或者，如果你只想以某两个（或任意多个）子字符串是否存在为依据，也可以这样写：

```
[data-film*="awful"][data-film*="moulin-rouge"] {
  color: red;
}
```

没有哪种方法是唯一正确的。实践中可以根据属性值的复杂程度作出选择。

5

5.6.4 属性选择符选择以数值开头的ID和类

在HTML5之前，以数值开头的ID和类是无效的。HTML5放开了这个限制。说到ID，不能忘了ID不能包含空格，而且必须在页面中唯一。更多信息可以参考这个链接：http://www.w3.org/html/wg/drafts/html/master/dom.html。

虽然HTML5允许ID和类以数值开头，但CSS还不允许使用以数值开头的选择符（http://www.w3.org/TR/CSS21/syndata.html）。

然而，使用属性选择符却可以绕过CSS的限制。比如：`[id="10"]`。

5.7 CSS3结构化伪类

CSS3为我们提供了更多基于元素之间的位置关系选择它们的选择符。

下面看一个常见的设计场景，假设有一个针对较大视口的导航条，我们想让其中除最后一项之外的其他项显示在左侧。

过去，要解决这个问题，需要给最后一个链接额外添加一个类，以便于选择，比如：

```
<nav class="nav-Wrapper">
  <a href="/home" class="nav-Link">Home</a>
  <a href="/About" class="nav-Link">About</a>
  <a href="/Films" class="nav-Link">Films</a>
  <a href="/Forum" class="nav-Link">Forum</a>
  <a href="/Contact-Us" class="nav-Link nav-LinkLast">Contact Us</a>
</nav>
```

这样做本身就有问题。比如，在某些内容管理系统中，给最后一个链接添加额外的类并不容易。好在，这个问题放在今天已经不是问题了。利用CSS3提供的结构化伪类，可以轻松处理类似问题。

5.7.1 `:last-child`

CSS2.1中就有一个用于匹配列表中第一项的选择符：

```
div:first-child {
  /* 样式 */
}
```

CSS3又增加了一个可以选择最后一项的选择符：

```
div:last-child {
  /* 样式 */
}
```

看一下怎么用这个新选择符解决前面提到的问题：

```
@media (min-width: 60rem) {
  .nav-Wrapper {
    display: flex;
  }
  .nav-Link:last-child {
    margin-left: auto;
  }
}
```

还有专门针对只有一项的选择符:only-child和唯一一个当前标签的选择符:only-of-type。

5.7.2 nth-child

使用nth-child选择符可以解决更麻烦的问题。还是与前面一样的标记，下面看看怎么使用nth-child来选择任意链接。

首先，如果想隔一个选一个怎么办？可以这样选择奇数个：

```
.nav-Link:nth-child(odd) {
  /* 样式 */
}
```

或者像这样选择偶数个：

```
.nav-Link:nth-child(even) {
  /* 样式 */
}
```

5.7.3 理解 nth

经验少的读者可能会觉得nth很吓人。可是，只要掌握了它的逻辑和语法，就会发现它能让你做的事非常棒。

CSS3提供了以下几个基于nth的规则：

- nth-child(n)
- nth-last-child(n)
- nth-of-type(n)
- nth-last-of-type(n)

前面已经展示了可以在nth-child后面使用(odd)和(even)分别选择奇数和偶数个元素。除此之外，参数(n)还有另外两种写法。

- 传入整数。比如nth-child(2)会选择第二项。
- 传入数值表达式。例如nth-child(3n+1)会从第一项开始，然后每三个选一个。

整数n很好理解，只要传入想要选择的元素的序号就行了。

n作为数值表达式对于普通人特别是数学不好的人来说就没那么好理解了。如果你数学很好，下一节其实不用看；否则，下一节就是给你准备的了。

一点数学

假设页面中有10个span（参考example_05-05）：

```
<span></span>
<span></span>
<span></span>
<span></span>
<span></span>
<span></span>
<span></span>
<span></span>
<span></span>
<span></span>
```

它们默认的样式如下：

```
span {
  height: 2rem;
  width: 2rem;
  background-color: blue;
  display: inline-block;
}
```

没错，结果就是10个方块排成一行：

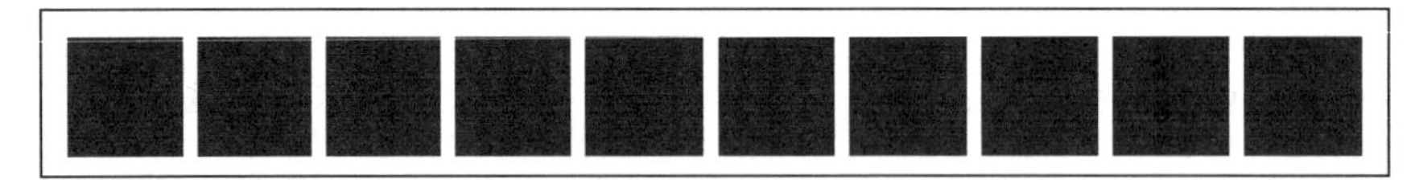

下面看看怎么通过基于nth的选择符选择不同的方块。

我们只看括号里的表达式，从右边开始。好，假设要知道(2n+3)会选择什么，我们先看括号里最右边的数（这里的3表示从左数第三个），然后就知道是以它为起点每几个选一个。因此，添加以下规则：

```
span:nth-child(2n+3) {
  color: #f90;
  border-radius: 50%;
}
```

在浏览器中会得到如下结果：

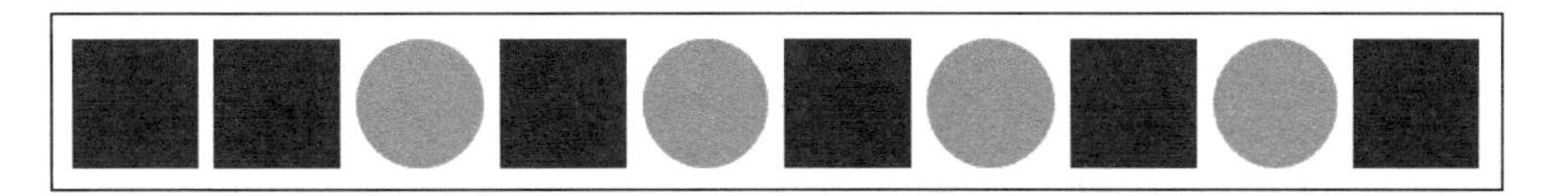

显然，这个nth选择符从第三项开始，每两项选择一项（如果有100个方块，还会继续向右选下去）。

如果想选择从第二项开始往后的所有方块呢？可以写为:nth-child(1n+2)。不过，因为n的默认值就是1，所以其实可以写成:nth-child(n+2)。同样，如果想每3个选1个，也不用写成:nth-child(3n+3)，而是可以直接写成:nth-child(3n)。这是因为每3个就意味着从第3个开始，不用再明确写出来了。表达式中也可以出现负值，比如:nth-child(3n-2)，表示从第–2个元素开始，每3个选1个。

除了指定起点，也可以更改方向。默认情况下，在找到起点元素之后，后续的选择会沿DOM向下（对我们例子中的方块而言，就是从左到右）。如果想反转方向呢？添个减号就行了，比如：

```
span:nth-child(-2n+3) {
  background-color: #f90;
  border-radius: 50%;
}
```

这样也是先找到第三项，但之后就会沿着与默认方向相反的方向（DOM向上，即我们例子中从右向左）每2个选1个。结果如下：

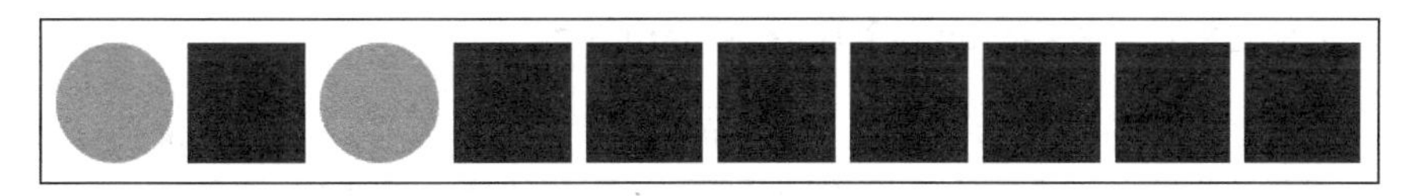

讲到这，你对基于nth的选择符终于有些明白了，对吧？

接下来，nth-child和nth-last-child的区别在于，nth-last-child是从DOM的另外一头开始。比如:nth-last-child(-n+3)，就是从倒数第三个开始向后选择所有项。在浏览器中的结果如下：

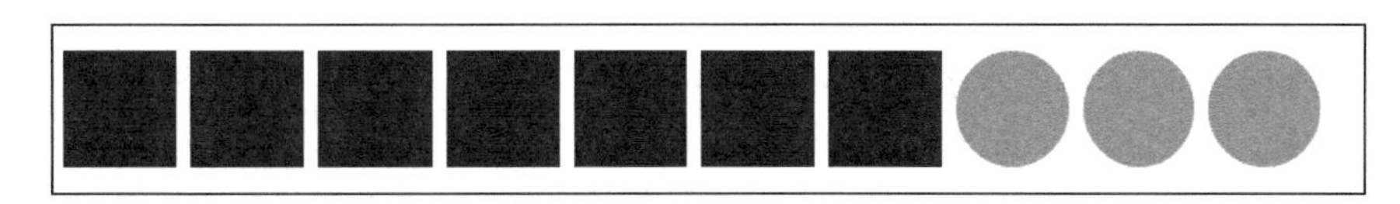

最后，再看看:nth-of-type和:nth-last-of-type。前面的例子只考虑了子元素，并没有区分标记类型（nth-child选择符选择的是同级DOM中的子元素，与类无关），而:nth-of-type和:nth-last-of-type就要区分类型了。拿下面的标记为例（参考example_05-06）：

```
<span class="span-class"></span>
<span class="span-class"></span>
<span class="span-class"></span>
<span class="span-class"></span>
<span class="span-class"></span>
<div class="span-class"></div>
<div class="span-class"></div>
<div class="span-class"></div>
<div class="span-class"></div>
<div class="span-class"></div>
```

如果我们使用下面的选择符：

```
.span-class:nth-of-type(-2n+3) {
  background-color: #f90;
  border-radius: 50%;
}
```

那么虽然所有元素都有相同的类span-class，但这里只会选择带有该类的span元素（因为第一个选中的元素的类型是span）。结果如下：

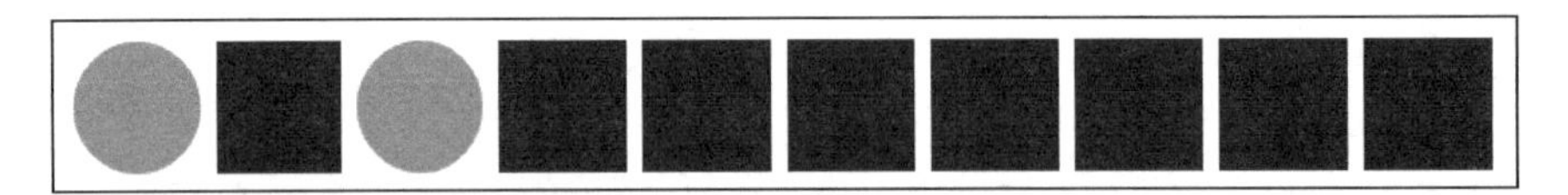

稍后介绍的CSS4选择符会解决CSS3选择符的计数问题。

CSS3的计数规则与JavaScript和jQuery不同

JavaScript和jQuery都是从0开始计数的。换句话说，JavaScript和jQuery中的1实际上代表第二个元素。但CSS3则从1开始计数，因此1就是第一项。

5.7.4　基于 nth 的选择与响应式设计

这一节我们会展示一个真实的应用场景，看一看如何在响应式设计中运用基于nth的选择符解决问题。

还记得example_05-02中的水平滚动面板吗？目前要考虑的场景是不能水平滚动，因此我们要使用同样的标记，把2014年最卖座的10部电影显示在网格中。在小视口中，网格只有两项宽；在大一点的视口中是三项宽，再大一点就是四项宽。问题来了：无论视口多大，我们都希望最底部那一行不显示底部边框（参考example_05-09）。

以下是四项宽时的效果：

看到最后两项底部讨厌的边框了吗？我们的问题就是怎么去掉它。不过，方案要足够灵活，这样即使最后一行又多出一项，那一项的底部边框也照样能被去掉。由于不同视口中每一行的项数不同，必须针对视口改变基于nth的选择符。为简单起见，这里只给大家展示匹配每行四项（大视口）的情况。其他视口下的选择符，大家可以看示例代码。

```
@media (min-width: 55rem) {
  .Item {
    width: 25%;
  }
  /* 每4个选1个，但仅限于最后4项 */
  .Item:nth-child(4n+1):nth-last-child(-n+4),
  /* 取得该集合后面的每一项 */
  .Item:nth-child(4n+1):nth-last-child(-n+4) ~ .Item {
    border-bottom: 0;
  }
}
```

这里我们连缀使用了基于nth的伪类选择符。而这里的关键，是要理解第一项并不决定接下来的选择范围，而是决定每个选择范围中必须匹配的元素。对前面的例子而言，第一个元素必须是每4个中的第一个元素，同时必须是最后4个中的一个。

不错！有了基于nth的选择符，就可以写出非常可靠的删除最后一行底部边框的规则，与视口大小或每一行的项数无关。

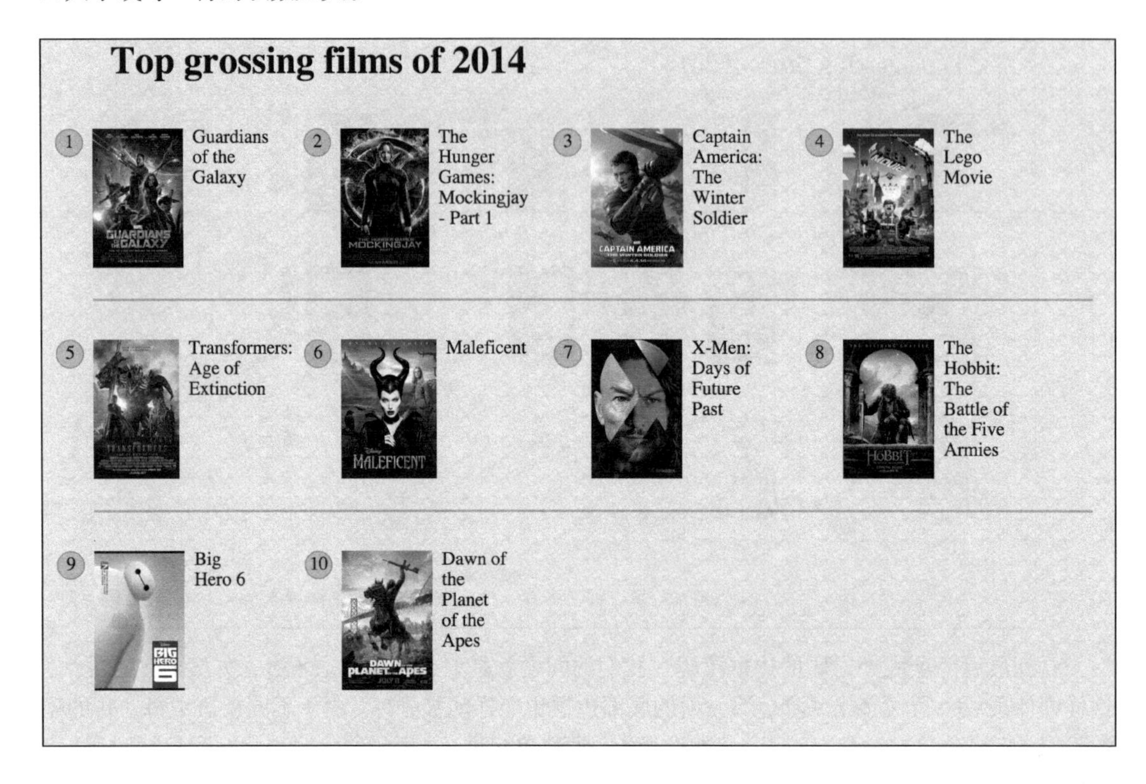

5.7.5　:not

另一个有用的伪类选择符是表示“取反”的:not。这个选择符用于选择“非……”。比如有如下标记：

```
<div class="a-div"></div>
<div class="a-div"></div>
<div class="a-div"></div>
<div class="a-div not-me"></div>
<div class="a-div"></div>
```

和以下CSS：

```
div {
  display: inline-block;
  height: 2rem;
  width: 2rem;
  background-color: blue;
}

.a-div:not(.not-me) {
  background-color: orange;
```

```
  border-radius: 50%;
}
```

最后一条规则会给所有不包含`.not-me`类的元素添加橙色背景和圆角。可以参考示例代码example_05-07（所有代码示例可以在这里下载：http://rwd.education/）。

到目前为止，我们主要介绍的是结构化的伪类，而CSS3实际上提供了更多选择符(关于选择符的详细信息建议参考这里：http://www.w3.org/TR/selectors/)。如果你在开发Web应用，那么有必要了解所有与UI元素状态相关的伪类（http://www.w3.org/TR/selectors/）。

5.7.6　:empty

有没有遇到过只添加了一些内边距，而内容会在将来某个时刻动态插入的元素？这个元素有时候有内容，有时候没有。问题在于，在这个元素没有内容时，它的内边距还在。比如下面这个取自example_05-08中的例子，HTML和CSS如下：

```
<div class="thing"></div>
.thing {
  padding: 1rem;
  background-color: violet;
}
```

虽然它没有内容，但仍然可以看到背景颜色。好在我们可以这样隐藏它：

```
.thing:empty {
  display: none;
}
```

不过，在使用`:empty`选择符时也要注意，像这样的元素看起来是空的：

```
<div class="thing"> </div>
```

而实际上并不是。这是因为其中有一个空格。空格跟空是两码事！

还有，注释不算内容，所以像这样包含注释而不包含空格的元素，也是空的：

```
<div class="thing"><!--I'm empty, honest I am--></div>
```

修订伪元素

伪类从CSS2开始引入，CSS3又对其语法进行了修订。回忆一下，`p:first-line`会选择<p>标签中的第一行。`p:first-letter`会选择第一个字符。CSS3要求把这种伪元素与伪类区分开。因此，现在应该写`p::first-letter`。要注意，IE8及更低版本的IE不支持两个冒号的语法。

5.7.7 :first-line

:first-line伪元素选择的目标根据视口大小不同而不同，这是最关键的。比如，以下规则：

```
p::first-line {
  color: #ff0cff;
}
```

会让第一行文本显示成粉红色。而且，随着视口大小变化，呈现粉红色的文本长度也会变化。

这样，不用修改标记，始终都能确保第一行被选中（“第一行”是指浏览器渲染结果的第一行，而不是标记中文本的第一行）。在响应式设计中，利用这个伪元素可以轻松做到让第一行与其他行的样式不同。

5.8 CSS 自定义属性和变量

随着CSS预处理器的流行，CSS也慢慢出现了可编程的特性。首先就是自定义属性。虽然经常被称为变量，但作为变量并非自定义属性的唯一用途。具体内容可以查看规范：http://dev.w3.org/csswg/css-variables/。不过，浏览器实现的支持并不多（2015年年初的时候只有Firefox）。

CSS自定义属性可以存储信息，这些信息可以在样式表的其他地方使用，也可以通过JavaScript操作。举个简单的例子，可以把font-family属性的值保存为自定义属性，然后再在需要的地方引用它。以下就是创建自定义属性的语法：

```
:root {
  --MainFont: 'Helvetica Neue', Helvetica, Arial, sans-serif;
}
```

这里，我们使用:root伪类把自定义属性保存在文档根元素上（可以保存到任何规则中）。

:root伪类始终引用文档结构中最外层的亲元素。在HTML文档中，这个亲元素就是html标签，但对SVG文档（第7章会介绍SVG）而言，则会引用不同的元素。

自定义属性以两个短划线开头，接着是自定义属性的名字，然后结尾与常规CSS属性一样，都是一个冒号。

然后，引用自定义属性的时候就可以用var()，像这样：

```
.Title {
  font-family: var(--MainFont);
}
```

一方面，可以通过这种方式存储任意多个自定义属性。另一方面，不管什么时候修改一个自定义属性的值，所有引用它的规则，无论有多少，都会自动更新，而无需分别去修改每一条规则。

将来，JavaScript有望可以操作自定义属性。关于这些“疯狂想法”的更多信息，可以参考CSS Extension模块：http://dev.w3.org/csswg/css-extensions/。

5.9 CSS `calc`

是不是经常在布局的时候需要做类似这样的计算：“它应该是父元素宽度的一半减去10像素”？这样的计算在响应式设计中非常有用，因为我们提前并不知道屏幕大小。好在CSS为我们提供了实现这种计算的方法，那就是`calc()`函数。以下就是一个示例：

```
.thing {
  width: calc(50% - 10px);
}
```

加、减、乘、除都没问题，这样就可以解决以前非得用JavaScript才能解决的一堆问题。

而且，浏览器对`calc()`函数的支持也很好，除了Android 4.3及以下版本中的Chrome。相关规范可以参见这里：http://www.w3.org/TR/css3-values/。

5.10 CSS Level 4 选择符

CSS Selectors Level 4（目前还是工作草案：https://drafts.csswg.org/selectors-4/）中规定了很多新的选择符类型。然而，在本书写作时，还没有浏览器实现这些选择符。为此，我们这里只看一个选择符，因为它们未来都有可能变。

Relational伪类选择符出自最新草案的“Logical Combinations”一节（http://dev.w3.org/csswg/selectors-4/）。

5.10.1 `:has` 伪类

这个伪类的格式如下：

```
a:has(figcaption) {
  padding: 1rem;
}
```

这条规则可以给一个包含`figcaption`的a标签添加内边距。组合使用“取反”伪类，可以反转选择范围：

```
a:not(:has(figcaption)) {
```

```
  padding: 1rem;
}
```

这样，只有不包含figcaption的a标签才会添加这个内边距。

我承认，这个新规范中有很多新选择符都非常好。只是什么时候才能在浏览器里安心地使用它们还是个未知数。

5.10.2　相对视口的长度

不谈未来了。之前我们讨论了怎么在响应式网页中选择元素，但没有提到如何设定它们的大小。CSS Values and Units Level 3（http://www.w3.org/TR/css3-values/）引入了相对视口的长度单位。这些单位对响应式设计非常重要，每种单位都是视口的某种形式的百分比。

- vw：视口宽度
- vh：视口高度
- vmin：视口中的最小值，等于vw或vh中较小的值
- vmax：视口中的最大值，等于vm或vh中较大的值

浏览器对这几个单位的支持也不错，参见：http://caniuse.com/。

想要一个高度为浏览器窗口高度90%的模态弹层？很简单：

```
.modal {
  height: 90vh;
}
```

相对视口的单位虽然有用，但有些浏览器的实现却很奇怪。比如，iOS 8中的Safari在向下滚动页面时（地址栏会收缩），不会改变视口的高度。

在设定字体字号时结合使用这些相对单位很不错，可以让文字随着视口的大小变化而缩放。

虽然现在就可以拿出一个例子，不过我还想给大家展示一种不同的字体。不管你在Windows、Mac还是Linux机器上看，这种字体都一样。

好吧，不吹牛了，我要说的其实就是CSS3中的Web字体。

5.11　Web 排版

多年来，Web字体的选择一直被局限在几款“安全”字体上。在遇到必须严格还原的设计时，不得不做成图片放上去，然后再通过文本缩进把文字隐藏到视口之外。嗯，还不错。

后来也出现了几种在网页中呈现不同版式的方案，比如sIFR（http://www.mikeindustries.com/blog/sifr/），还有Cufón（http://cufon.shoqolate.com/generate/），它们分别使用Flash和JavaScript重新创建了文本元素，并将它们以必要的字体显示出来。CSS3为此推出了Web字体，现在是见证奇迹的时刻了！

5.11.1 @font-face

`@font-face`规则在CSS2中就有了（后来在CSS2.1中消失了）。IE4当时部分支持`@font-face`规则（是的，是真的！）。那既然我们讨论CSS3，跟它又有什么关系呢？

好吧，在CSS3 Font模块中（http://www.w3.org/TR/css3-fonts），`@font-face`又回来了。在网页中使用字体一直是个难题，直到最近几年Web排版才又重新被人重视起来。

Web上的所有资源都没有唯一的格式，比如图片就有JPEG、PNG和GIF，以及其他格式。字体当然也有很多种格式。比如IE偏爱的Embedded OpenType（.eot），TrueType（.ttf），还有SVG格式和Web Open Font Format（.woff/.woff2）。

目前，必须给一种字体提供多种格式的版本才能获得多浏览器兼容性。

好在针对每种浏览器添加自定义字体格式很简单。下面就来看一看吧。

5.11.2 通过@font-face实现Web字体

CSS提供了`@font-face`规则，用于引用在线字体显示文本。

目前已经有很多查看和获得Web字体的资源，有的免费，有的需要付费。我个人比较喜欢Font Squirrel（http://www.fontsquirrel.com/），当然谷歌也有免费的Web字体，可以用`@font-face`规则来使用（http://www.google.com/webfonts）。此外，也有不错的付费资源，像Typekit（http://www.typekit.com/）和Font Deck（http://fontdeck.com/）。

作为练习，我们打算下载Roboto。这种字体在后期的安卓终端上很常见，是一种很适合小屏幕显示的界面字体。可以在这里一睹她的芳容：https://www.fontsquirrel.com/fonts/roboto。

> 如果能下载到某个字体的针对某种语言的“子集”，那就只下载那一部分。这样的文件会比包含全部内容的文件小。

下载了`@font-face`包之后，打开ZIP文件就可以看到Roboto字体中包含的文件夹，对应不同的版本。这里选择Roboto Regular版，在相应的文件夹中有多种文件格式（WOFF、TTF、EOT和SVG），还有一个包含所有字体的stylesheet.css文件。例如，Roboto Regular版本对应的规则如下：

```
@font-face {
    font-family: 'robotoregular';
    src: url('Roboto-Regular-webfont.eot');
    src: url('Roboto-Regular-webfont.eot?#iefix') format('embeddedopentype'),
         url('Roboto-Regular-webfont.woff') format('woff'),
         url('Roboto-Regular-webfont.ttf') format('truetype'),
         url('Roboto-Regular-webfont.svg#robotoregular')
format('svg');
    font-weight: normal;
    font-style: normal;
}
```

与提供商前缀的机制很类似，浏览器也会依次尝试属性列表中的样式，忽略不能识别的内容（属性值越靠下，优先级越高）。这样，无论什么浏览器，总有一款适合它。

好，虽然这段代码可以直接复制粘贴，但粘贴之后别忘了修改路径。一般我会把解压得到的字体文件放到与css文件夹同级的fonts文件夹中。因此复制粘贴后，需要把路径修改成这样：

```
@font-face {
    font-family: 'robotoregular';
    src: url('../fonts/Roboto-Regular-webfont.eot');
    src: url('../fonts/Roboto-Regular-webfont.eot?#iefix')
format('embedded-opentype'),
         url('../fonts/Roboto-Regular-webfont.woff') format('woff'),
         url('../fonts/Roboto-Regular-webfont.ttf')
format('truetype'),
         url('../fonts/Roboto-Regular-webfont.svg#robotoregular')
format('svg');
    font-weight: normal;
    font-style: normal;
}
```

然后只要设置正确的字体和粗细就行了。请参考example_05-10，它与example_05-09的标记相同，只是默认声明了如下字体：

```
body {
  font-family: robotoregular;
}
```

使用Web字体还有一个好处。如果设计图中使用了与你代码中相同的字体，可以直接使用设计图中的字体大小。比如，PhotoShop中的字号是24像素，那你可以直接用这个值，或者将它转换成相对大小，比如rem（假设根元素的`font-size`为16像素，那24/16=1.5rem）。

不过，前面说了，我们现在可以使用相对视口的单位了。可以相对于视口大小设置不同的文本大小：

```
body {
  font-family: robotoregular;
  font-size: 2.1vw;
}
```

```
@media (min-width: 45rem) {
  html,
  body {
    max-width: 50.75rem;
    font-size: 1.8vw;
  }
}

@media (min-width: 55rem) {
  html,
  body {
    max-width: 78.75rem;
    font-size: 1.7vw;
  }
}
```

如果在浏览器中打开这个例子并缩放视口，可以看到仅仅几行CSS就把文本变得可缩放了。

5.11.3 注意事项

总体来说，使用`@font-face`引入Web字体是非常好的。响应式设计中，使用`@font-face`唯一一个需要注意的问题就是文件大小。比如我们前面的例子，如果设备渲染需要SVG格式的Roboto Regular，那相对于使用标准的Web安全字体（如Arial），就需要多下载34 KB文件。我们的例子中使用了英文字体的子集以缩小文件，但并非任何时候都可以这样做。如果你很在意网站的性能，就需要关注一下自定义字体的大小。

5.12 CSS3 的新颜色格式及透明度

本章到现在一直讲CSS3提供的选择页面元素的选择符，以及使用Web字体。接下来应该看一看CSS3新增了哪些颜色相关的特性了。

首先，CSS3新增了两种声明颜色的格式：RGB和HSL。此外，这两种颜色模式还支持alpha通道（RGBA和HSLA）。

5.12.1 RGB

RGB（Red Green Blue，红绿蓝）是一种沿用了几十年的颜色系统，原理是分别定义红、绿、蓝三原色分量的值。比如，在CSS中十六进制的红色是`#fe0208`：

```
.redness {
  color: #fe0208;
}
```

关于如何直观地理解十六进制颜色值，推荐大家看看Smashing Magazine上的这篇文章：http://www.smashingmagazine.com/2012/10/04/the-code-side-of-color/。

而在CSS3中，可以这样定义同样的RGB值：

```
.redness {
  color: rgb(254, 2, 8);
}
```

大多数图片编辑软件都能显示颜色的十六进制值和RGB值。比如PhotoShop的取色器里就有单独的R、G、B框，显示每个通道的分量值。把它们直接入对应到CSS的RGB值里就可以，语法是把它们放在一对括号中，按红、绿、蓝的顺序，前面加上rgb字样。

5.12.2 HSL

除了RGB，CSS3还支持HSL（Hue Saturation Lightness，色相、饱和度、亮度）颜色系统。

HSL与HSB不同

HSL与PhotoShop等图片处理软件中的HSB（Hue Saturation Brightness）不一样，别搞错了！

HSL相对来说更好理解一些。比如，除非你对色值真的很精通，否则很难说rgb(255,51,204)是什么颜色？有不服的吗？没有，我也说不出来。可是，给我一个HSL值，比如hsl(315,100%,60%)，我能大概猜出来这是一种介于洋红和红之间的颜色。我是怎么知道的？很简单。

HSL有一个360度的色轮，这样的：

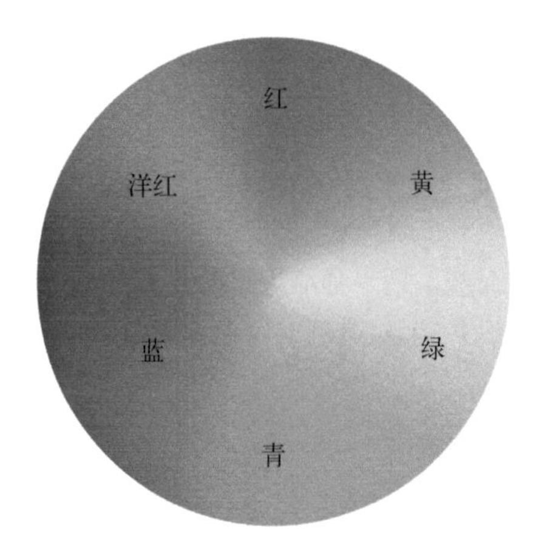

HSL值中的第一个设置Hue，即色相。在上面的色轮中，黄色在60度，绿色在120度，青在180度，蓝在240度，洋红在300度，红在360度。而前面的HSL色的色相值是315，根据这个色轮，很容易知道它介于洋红（300）和红（360）之间。

后面两个值分别定义饱和度和亮度，以百分比形式给出。它们只会修改基本的色相。更饱和是指色彩更浓烈，百分比相对更大。亮度也一样，如果值为100%，那就是白色了。

在定义了一种HSL颜色后，很容易派生出多个相近的颜色，只要修改饱和度和亮度的百分比就行了。比如，前面定义的颜色可以改成这样：

```
.redness {
  color: hsl(359, 99%, 50%);
}
```

如果想让它的颜色暗一些，可以只修改亮度的百分比：

```
.darker-red {
  color: hsl(359, 99%, 40%);
}
```

总之，只要记住色轮中不同角度对应的颜色，就能大概估计出HSL颜色。然后不用借助颜色选取器，同样可以再定义出相近颜色的变体来。

5.12.3 alpha通道

有人可能会问，为什么放着用了那么多年的可靠的十六进制颜色值不用，突然要使用HSL或RGB颜色值呢？HSL或RGB与十六进制值的区别在于，它们支持透明通道，可以让原来被元素挡住的东西透过来。

HSLA声明与标准的HSL声明类似，只是必须声明值为hsla（在hsl后面加个a），同时再多指定一个不透明度值，取值范围为0（完全透明）到1（完全不透明）。比如：

```
.redness-alpha {
  color: hsla(359, 99%, 50%, .5);
}
```

RGBA语法的规则与HSLA相同：

```
.redness-alpha-rgba {
  color: rgba(255, 255, 255, 0.8);
}
```

为什么不只使用不透明度?

CSS3也支持设置元素的`opacity`属性，取值范围也是0到1（.1表示10%）。与RGBA和HSLA不同，对元素设置`opacity`影响整个元素，而RGBA和HSLA则只影响元素特定的方面，比如背景。这样就可以实现元素中不透明的文字和透明的背景。

5.12.4 CSS Color Module Level 4 的颜色操作

虽然这个规范还在早期阶段，但在CSS中享受`color()`函数的日子应该不远了。

在浏览器广泛支持以前，这种事最好通过CSS预/后处理器来做（让自己提高一下，买本相关图书看看。我推荐Ben Frain的《Sass 和 Compass 设计师指南》）。

关于CSS Color Module Level 4的进度，可以查看这个链接：http://dev.w3.org/csswg/css-color-4/。

5.13 小结

本章，我们学习了使用CSS3的新选择符选择几乎页面中的任何元素。同时，还学习了如何实现响应式的列和滚动面板，以及解决长URL折行等麻烦的问题。而且，我们也理解了CSS3新的颜色模块和如何使用RGB及HSL，并通过它们设置透明度，实现美妙的效果。

另外，这一章还介绍了使用`@font-face`规则引入Web字体，让我们不再被所谓的Web安全字体所束缚。这些内容不少吧？但这些还只是CSS3这个宝库的冰山一角。接下来，我们会继续探索CSS3给响应式设计带来的便利特性，看看怎么利用它让我们的页面加载更快、开发更敏捷、维护更轻松，比如文本阴影、盒阴影、渐变和多重背景。

第 6 章

CSS3高级技术

CSS3的高级属性十分适合响应式设计，很多情况下，我们可以用它来替代图片。这样既省时，又能增加代码的可维护性和灵活度，还能让页面更“轻”。这些优势即便是在固定宽度的桌面设计中也很有用，在响应式设计中则更加重要，使用CSS可以在不同视口中轻松创造出不同的酷炫效果。

本章内容：

- 使用CSS3制作文字阴影
- 使用CSS3制作盒阴影（即元素投影）
- 使用CSS3制作渐变背景
- 使用CSS3的多重背景图片
- 使用CSS3的背景渐变制作图案
- 使用媒体查询来插入高分辨率的背景图片
- 使用CSS滤镜

让我们开始吧。

浏览器私有前缀

当使用试验性CSS功能时，记得使用工具而不是手动去添加相关的浏览器私有前缀。这确保了跨浏览器的兼容性，也防止你添加不再需要的前缀。我在很多章节都提到了Autoprefixer（https://github.com/postcss/autoprefixer），因为在编写本书的时候，我认为它是完成这项任务的最佳工具。

6.1 CSS3 的文字阴影特效

`text-shadow`是最被广泛支持的CSS3特性之一。和`@font-face`一样，它有过一段短暂的前生，但是在CSS2.1中被废弃了。万幸，它再次转世投胎，并被广泛支持（所有的现代浏览器和IE9以上的浏览器都支持）。我们来看一下基本语法：

```
.element {
    text-shadow: 1px 1px 1px #ccc;
}
```

记住，缩写值的规则是先右后下（当然，你可以将其视为顺时针顺序）。因此，第一个值是阴影的右侧偏移量，第二个值是阴影的下方偏移量，第三个值是模糊距离（阴影从有到无的渐变距离），最后一个则是色值。

要想让阴影往左上方偏移，可以使用负值。如下：

```
.text {
    text-shadow: -4px -4px 0px #dad7d7;
}
```

色值并不一定需要用十六进制表示。也可以使用HSL(A)或者RGB(A)：

```
text-shadow: 4px 4px 0px hsla(140, 3%, 26%, 0.4);
```

需要谨记的是，只有同时支持HSL/RGB色值模式和`text-shadow`的浏览器才可以渲染出这种效果。

你可以把阴影值设为任何合法的CSS长度单位，如em、rem、ch等。但我个人较少使用em和rem单位。诸如1px和2px这样的值在所有视口都看起来比较好。

当然，我们也可以通过媒体查询在特定的视口下去除文字阴影效果。使用`none`值即可。

```
.text {
    text-shadow: .0625rem .0625rem 0 #bfbfbf;
}
@media (min-width: 30rem) {
    .text {
        text-shadow: none;
    }
}
```

顺便提一下，在CSS中，对于以0开头的数值，可以将0省去。如0.14s就可以写成.14s。

6.1.1　省略 blur 值

如果你不需要给文字阴影添加模糊效果，那么可以在声明中把blur值省略。例如：

```
.text {
    text-shadow: -4px -4px #dad7d7;
}
```

这种写法是完全合法的。浏览器会在没有第三个长度值的情况下把前两个值作为偏移量。

6.1.2 多文字阴影

我们可以添加多个阴影效果，通过逗号分隔即可，比如：

```
.multiple {
    text-shadow: 0px 1px #fff,4px 4px 0px #dad7d7;
}
```

由于CSS会忽略空白，你可以这样排版以增加可读性。

```
.text {
    font-size: calc(100vmax / 40); /* 100 of vh or vw, whichever is
larger divided by 40 */
    text-shadow:
    3px 3px #bbb, /* right and down */
    -3px -3px #999; /* left and up */
}
```

想要了解W3C对text-shadow属性的标准定义，请参阅https://www.w3.org/TR/css-text-3/。

6.2 盒阴影

盒阴影容许你在元素的内部或者外部创建盒状的阴影效果。掌握了文字阴影，盒阴影就是小菜一碟了。它们遵循相同的语法：水平偏移值、垂直偏移值、模糊距离、阴影尺寸（接下来会讨论这个语法），以及阴影颜色。

四个长度值中只有两个是必需的（当最后两个长度值不存在的时候，颜色值会被当作阴影颜色，而0值会被添加到模糊半径上）。让我们来看一个简单的例子：

```
.shadow {
    box-shadow: 0px 3px 5px #444;
}
```

默认的box-shadow是设置在元素外部的。另外一个可选关键词inset容许在元素内部使用box-shadow。

6.2.1 内阴影

box-shadow属性可以用于建立一个inset阴影。使用的语法和普通盒阴影效果唯一的区别是，在前头添加了inset关键字：

```
.inset {
    box-shadow: inset 0 0 40px #000;
}
```

所有的功能和之前是一致的，但是inset声明让浏览器把阴影设在了元素的内部。你可以通过查看example_06-01来看到不同的效果：

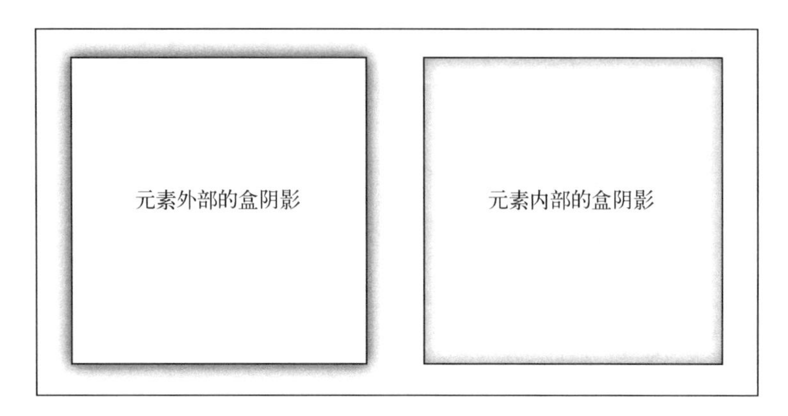

6.2.2　多重阴影

和text-shadow一样，你也可以添加多个box-shadow。使用逗号分隔box-shadow，它们会按照从底部到顶部（从最后一个到第一个）的顺序被添加。所以切记，在代码里越接近顶层的效果在浏览器展示的时候也越接近“顶层”。和text-shadow一样，你可以用空白来叠加不同的box-shadow。

```
box-shadow: inset 0 0 30px hsl(0, 0%, 0%),
            inset 0 0 70px hsla(0, 97%, 53%, 1);
```

把多个值在代码中堆起来会在使用版本控制系统时带来极大的便利。这会让你轻易地看出两个文件版本的差别。这就是我为什么习惯把选择器一个接一个堆起来。

6.2.3　阴影尺寸

老实说，多年来我都不太理解“阴影尺寸”这一词的意思。我并不觉得“尺寸”（spread）这个名字比较贴切。我更偏向于使用偏移。让我解释一下。

观看example_06-02左侧的盒子。这里使用的是标准的box-shadow。右侧的盒子使用了一个负的阴影尺寸值。它是用第四个值设置的。下面是相关代码：

```
.no-spread {
  box-shadow: 0 10px 10px;
}

.spread {
```

```
  box-shadow: 0 10px 10px -10px;
}
```

以下是浏览器展现的效果（右图设置了阴影尺寸的值）：

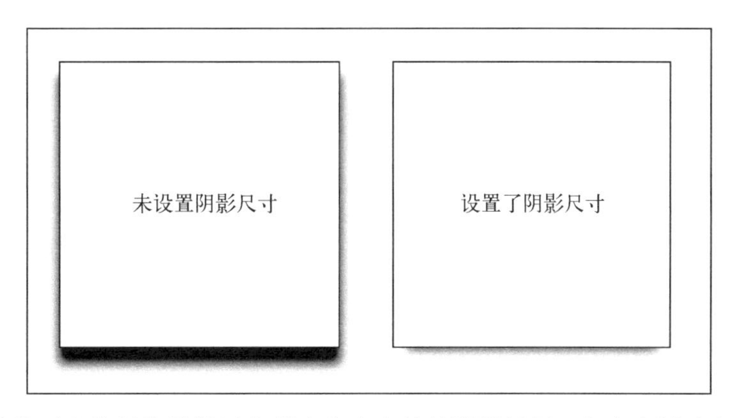

阴影尺寸让你可以按照你的设置在所有方向上缩放阴影效果。在这个例子中，一个负值可以在各个方向上缩小阴影的效果。最终效果就是我们只看到底部有阴影，而不是看到阴影全方位地“泄露”出来（因为模糊距离被负的阴影尺寸所抵消了）。

> 想要了解W3C对`box-shadow`属性的标准定义，请参阅https://www.w3.org/TR/css3-background/。

6.3 背景渐变

在没有CSS3的日子里，如果想做一个背景渐变效果，就要用一个很细的渐变切片进行水平/垂直平铺。对于使用图片而言，这确实是一个经济实用的好方案。一张仅有一两像素宽的图片，不会给宽带造成太大负担，而且它可以用在网站的多个元素上。

然而，如果我们想调整渐变效果，仍然需要返回到图片编辑器里。另外，内容可能偶尔会太大而超出渐变背景。这个问题增加了响应式设计的复杂性，因为在不同视口下，页面的任意一部分都会增大。

自从CSS的`background-image`横空出世后，事情变得容易多了。作为CSS Image Values and Replaced Content Module Level 3文档中的一部分，CSS的这个属性容许我们创造线性或者径向渐变背景。让我们看看如何使用它们。

> 想要了解CSS Image Values and Replaced Content Module Level 3，请参阅https://www.w3.org/TR/css3-images/。

6.3.1　线性渐变语法

linear-gradient的最简表达方式看上去像这样：

```
.linear-gradient {
    background: linear-gradient(red, blue);
}
```

这会创建一个从红色渐变为蓝色的（默认从顶部开始）的渐变背景。

1. 确定渐变方向

有几种方式可以确定渐变的方向。一般而言，渐变将从你设定的方向的反方向开始。当没有设置方向的时候，渐变会默认从顶部到底部。例如：

```
.linear-gradient {
    background: linear-gradient(to top right, red, blue);
}
```

在这段代码中，渐变的方向设定为顶部右侧。那么它会从底部左侧开始从红色渐变为蓝色。

如果你数学思维比较好，可能会倾向于这么使用：

```
.linear-gradient {
    background: linear-gradient(45deg, red, blue);
}
```

不过需要注意的是，在一个矩形里，一个指向顶部右侧的渐变（总是指向元素右上角）和指向45度的渐变（总是指向45度）还是有差异的。

另外，你也可以让渐变效果从不可见的区域中开始。如下例：

```
.linear-gradient {
    background: linear-gradient(red -50%, blue);
}
```

这样渐变会在容器内部不可见的地方就开始渲染。

事实上，在上面这个例子中我们使用了色标来定义颜色什么时候开始与结束。我们来仔细看看。

2. 色标

在背景渐变中最难理解的大概就是色标了。它们用于把渐变中的某个点设定为特定颜色。你可以使用色标定义复杂的渐变效果。看以下例子：

```
.linear-gradient {
  margin: 1rem;
  width: 400px;
```

```
  height: 200px;
  background: linear-gradient(#f90 0, #f90 2%, #555 2%, #eee 50%, #555
98%, #f90 98%, #f90 100%);
}
```

这就是linear-gradient渲染的效果：

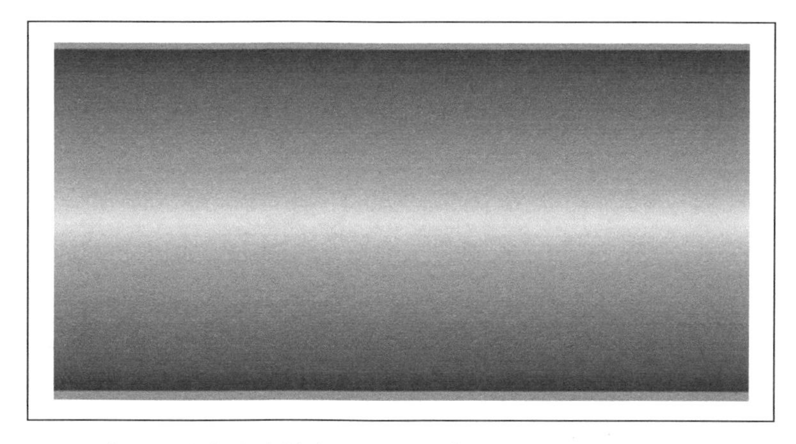

在example_06-03中，因为方向未被定义，所以默认从顶部到底部进行渐变。

渐变效果中的色标是用逗号进行分隔的。第一部分是颜色，第二部分是颜色的位置。一般建议不要混用单位。你可以在一个渐变效果中添加多个色标，而且可以使用关键词、十六进制、RGBA或者HSLA等色值写法。

> 要注意的是，多年以来已经产生了多种不同的背景渐变语法。所以兼容以往的写法是个比较困难的事情。尽管这样我可能会显得十分唠叨，但我还是要叮嘱一下，你可以使用Autoprefixer来解决这些问题。这允许你使用现代的W3C标准语法，而且它会自动兼容先前的写法。

想要了解W3C对线性渐变背景的标准定义，请参阅https://www.w3.org/TR/css3-images/。

3. 兼容旧式浏览器

要兼容不支持背景渐变效果的浏览器，只需要在之前定义一个背景颜色就可以了。这样，老旧浏览器至少会渲染一个背景。如下例：

```
.thing {
  background: red;
  background: linear-gradient(45deg, red, blue);
}
```

6.3.2　径向渐变背景

在CSS里建立一个径向渐变也是十分简单的。效果一般是从一个中心发散成为圆形或者椭圆形的渐变效果。

下面是径向渐变背景的语法（你可以在example_06-04中体会）：

```
.radial-gradient {
    margin: 1rem;
    width: 400px;
    height: 200px;
    background: radial-gradient(12rem circle at bottom, yellow,
orange, red);
}
```

理解径向渐变语法

在background属性后，我们设定radial-gradient。在第一个逗号前，我们定义渐变形状、大小和所在位置。上例中我们使用了直径为12rem的圆形渐变效果，下面我们看看其他例子。

- 设置为5em会生成一个直径大小为5em的圆形渐变效果。如果只提供大小的话，会默认使用圆形。
- 设置为circle会生成一个占满整个容器的圆形渐变效果（径向渐变的直径默认为容器最长边）。
- 设置为40px 30px会生成一个X方向宽为40像素、Y方向高为30像素的椭圆形。
- 设置为ellipse会生成和容器大小一致的椭圆形。

在定义了形状和大小后，我们定义渐变的位置。默认的位置是容器的中心。但是我们可以尝试一下其他做法。

- at top right表示径向渐变的中心在右上方。
- at right 100px top 20px表示径向渐变的中心在距右边框100像素、上边框20像素处。
- at center left表示径向渐变的中心在左边框中间处。

我们暂停对径向渐变大小、形状和位置的定义。接下来定义色标，其使用方法和linear-gradient一致。

总结一下，在第一个逗号前设置大小、形状和位置，然后设置需要的色标（每个色标之间用逗号分隔）。

6.3.3　为响应式而生的关键字

在响应式设计中，你会发现按照比例设置渐变效果大小比按照固定像素设置更为有用。你会发现无论元素的大小如何改变，都能够被你的渐变效果覆盖住。另外，你还可以使用一些方便的大小关键词，比如：

```
background: radial-gradient(closest-side circle at center, #333,
blue);
```

下面了解一下这些关键词。

- closest-side：在渐变形状为圆形的情况下，渐变形状会与距离中心最近的边框相切；在椭圆形的情况下，则会与距离中心最近的两个边框相切。
- closest-corner：渐变形状会与距离中心最近的角相切。
- farthest-side：和closest-side相反。在圆形的情况下，与距离中心最远的边相切。在椭圆的情况下，与距离中心最远的两边相切。
- farthest-corner：渐变形状会与距离中心最远的角相切。
- cover：等价于farthest-corner。
- contain：等价于closest-side。

想要了解W3C对径向渐变背景的标准定义，请参阅https://www.w3.org/TR/css3-images/。

制作完美渐变效果的简便方法

手动制作渐变效果是比较困难的。你可以使用线上的渐变效果生成器。我最喜欢的是http://www.colorzilla.com/gradient-editor/。它使用一个图形化界面编辑器来方便用户选择颜色、色标位置、渐变形式（线性或者径向渐变），甚至包括最后生成的色值的表示方法（HEX、RGB(A)、HSL(A)）。它也预置了一些渐变效果让你进一步调节。它还提供可以兼容老式浏览器的代码。仍然不够方便吗？那么尝试一下基于图片生成CSS渐变效果功能？我觉得它能满足你的需求。

6.4 重复渐变

CSS3也可以让我们创建重复渐变背景效果。让我们看一下如何实现：

```
.repeating-radial-gradient {
    background: repeating-radial-gradient(black 0px, orange 5px, red
10px);
}
```

这就是它的效果（不要盯着看太久，可能会引发恶心）：

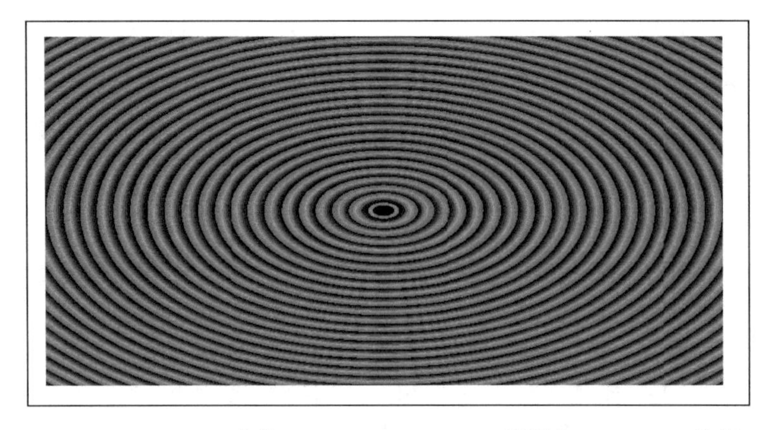

首先，在`linear-gradient`或者`radial-gradient`前添加repeagting前缀，接下来的语法和普通的渐变效果是一致的。在本例中，我使用了像素值来标记色标之间的距离（分别是0px、5px和10px）。你也可以使用百分值进行标记。为了展示最佳效果，建议使用同一种计量单位。

想要了解W3C对重复渐变的标准定义，请参阅https://www.w3.org/TR/css3-images/。

另外，我还有一种使用渐变背景效果的方法要分享给你。

6.5　使用渐变背景创造图案

在设计中，我经常使用线性渐变，很少使用径向渐变和重复渐变。然而，有些聪明的人已经学会使用渐变来创造背景渐变图案了。让我们欣赏一下来自CSS高手Lea Verou的CSS3背景图案集合，你可以通过http://lea.verou.me/css3patterns/观看：

```
.carbon-fibre {
    margin: 1rem;
    width: 400px;
    height: 200px;
    background:
    radial-gradient(black 15%, transparent 16%) 0 0,
    radial-gradient(black 15%, transparent 16%) 8px 8px,
    radial-gradient(rgba(255,255,255,.1) 15%, transparent 20%) 0 1px,
    radial-gradient(rgba(255,255,255,.1) 15%, transparent 20%) 8px
9px;
    background-color:#282828;
    background-size:16px 16px;
}
```

下图是在浏览器中`carbon-fibre`的背景效果：

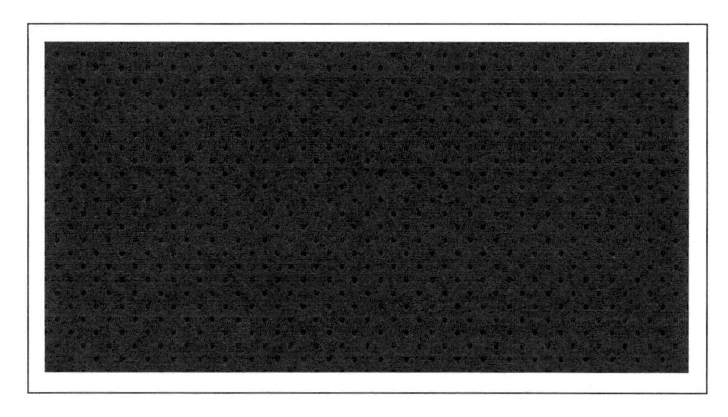

只需要几行CSS3代码，我们就拥有了易于修改的、响应式的、可扩展的背景图案。

你可能会发现，添加background-repeat:no-repeat可便于了解它的工作原理。

与以往一样，我们可以依靠媒体查询来在不同的响应式场景中使用不同的效果。例如，一个渐变图案可能在小视口中比较好看，但是在视口较大的情况下，使用一个纯色的背景会比较好：

```
@media (min-width: 45rem) {
    .carbon-fibre {
        background: #333;
    }
}
```

你可以查看example_06-05。

6.6 多张背景图片

虽然现在可能有点过时了，但是过去曾十分流行在页面顶部和底部使用不同的背景图片，或者在页面某个内容区的顶部和底部使用不同的背景图片。在使用CSS2.1的年代，要实现这种效果通常需要使用额外的标记（为页头背景和页脚背景各设置一个元素）。

在CSS3中，你可以在一个元素上堆叠多个背景图片。

下面是语法：

```
.bg {
    background:
        url('../img/1.png'),
        url('../img/2.png'),
        url('../img/3.png');
}
```

和多重阴影的堆叠顺序一样，图片列表中先出现的图片会被安置在越靠近用户的位置。你甚至可以在同一个声明中添加背景颜色：

```
.bg {
    background:
    url('../img/1.png'),
    url('../img/2.png'),
    url('../img/3.png') left bottom, black;
}
```

在最后才设定背景颜色，这样颜色就会在所有图像的下方。

当声明多个背景元素的时候，你不需要每行只写一个图片。我只是觉得这样的代码方便阅读而已。

不支持多重背景的浏览器（如IE8及之前的版本）会忽略这条声明，所以你最好在使用多重背景前声明一个“正常”的背景属性来兼容老旧浏览器。

使用多重背景的时候，如果你使用透明背景的PNG图片，下层图片将会透过上层图片的透明背景显示出来。但是背景图片并不总是要一个接一个堆叠在一起，也并不总是要大小相同。

6.6.1　背景大小

可以使用背景大小（background-size）属性为每个图片设置大小。语法如下：

```
.bg {
    background-size: 100% 50%, 300px 400px, auto;
}
```

每张图片的大小（第一个是宽度，第二个是高度）按照它们在背景属性中的顺序声明，用逗号分隔。在上例中，你可以使用百分比、像素或者以下关键词。

- auto：让图片保持其原生大小。
- cover：保持图片比例，拓展至覆盖整个元素。
- contain：保持图片比例，拓展图片让其最长边保持在元素内部。

6.6.2　背景位置

如果你有不同的背景图片、不同的大小，接下来要做的就是放置在不同的位置上了。那么background-position就可以满足你的需求了。

让我们把所有的图片功能以及前几章介绍的几个响应式单位结合起来。

让我们用一个简单的元素和三张背景图片创建一个简单的太空场景。图片设置为不同的大小，并使用三种不同的方式来放置。

```
.bg-multi {
    height: 100vh;
    width: 100vw;
    background:
        url('rosetta.png'),
        url('moon.png'),
        url('stars.jpg');
    background-size: 75vmax, 50vw, cover;
    background-position: top 50px right 80px, 40px 40px, top center;
    background-repeat: no-repeat;
}
```

你会在浏览器中看到如下图所示的效果：

我们把星空图放在底层，然后放置月亮图，最后放入一张罗塞塔空间探测器图片。你可以在example_06-06中查看。要注意的是，如果你调整浏览器窗口大小，会发现响应式长度单位工作得很好（vmax、vh和vw）并且能保持比例，而基于像素的单位却不一样。

背景位置默认为左上角。

6.6.3 背景属性的缩写

可以把所有不同的背景属性都组合在一起，写在一个属性里。你可以在https://www.w3.org/TR/css3-background/阅读规范。不过到目前为止，我的经验告诉我，缩写经常会导致很多奇奇怪怪的问题。因此，我建议不要使用缩写，并且先声明多重背景图片，然后声明背景大小，最后声明背景位置。

想要了解W3C对多重背景的标准定义，请参阅https://www.w3.org/TR/css3-background/。

6.7 高分辨率背景图像

媒体查询让我们可以在不同的视口大小下加载不同分辨率的图像。

下例是一段为“正常”和高清屏幕选择不同分辨率图片的代码。你可以在example_06-07中查看：

```
.bg {
    background-image: url('bg.jpg');
}
@media (min-resolution: 1.5dppx) {
    .bg {
        background-image: url('bg@1_5x.jpg');
    }
}
```

媒体查询包括长度、高度或者其他支持的弧形。在本例中，我们定义图片bg@1_5x.jpg应该使用的最小分辨率为1.5dppx（设备像素与CSS像素比）。我们也可以使用dpi（每英寸点数）或者dpcm（每厘米点数）。然而，即使不考虑它们的支持度，我认为dppx仍然是最易于理解的单位。2dppx意味着两倍的分辨率，3dppx则意味着三倍分辨率。想象一下，如果你使用的是dpi会是多麻烦的一件事。“标准”的分辨率应该是96dpi，那么两倍的分辨率就应该是192dpi。

dppx单位的支持度并不算特别好（你可以通过http://caniuse.com/来查看目标浏览器的支持情况）。所以你还是需要编写其他版本的媒体查询方法来解决分辨率的问题，或者依靠工具来解决。

关于性能

要谨记过大的图片会拖慢网站的速度，影响用户的体验。尽管背景图片并不会阻止网页的正常阅读（你在背景图片正常加载的时候仍然可以阅读网页的其他部分），但是它会使你的页面变重，这对于那些要为流量付费的用户十分不友好。

6.8 CSS滤镜

box-shadow有一个显而易见的问题。顾名思义，元素的阴影只能是矩形。下面是利用box-shadow创建的三角形阴影（你可以在example_06-08中查看代码）：

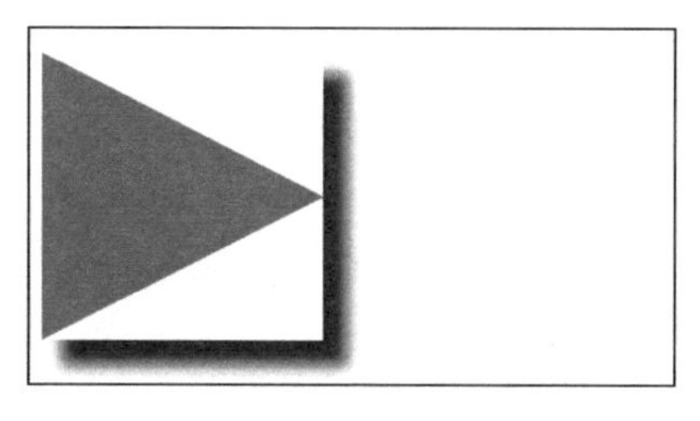

然而这并不是我想要的结果。好在，我们可以用CSS滤镜来解决这个问题。CSS滤镜是Filter Effects Module Level 1文档中的一部分（https://www.w3.org/TR/filter-effects/）。它的支持度并没有box-shadow那么高，但是在渐进增强的方式中表现依然十分不错。如果浏览器不支持滤镜，那么它会将其忽略。而在支持滤镜的浏览器上，炫丽的效果就会被渲染出来。

这是上图中的元素在使用drop-shadow滤镜替代box-shadow后的效果：

以下是CSS滤镜的格式：

```
.filter-drop-shadow {
    filter: drop-shadow(8px 8px 6px #333);
}
```

在filter属性后我们首先要声明使用哪种滤镜。本例中我们选择了drop-shadow，然后传入滤镜所需要的参数。drop-shadow和box-shadow拥有相似的语法；X方向偏移量、Y方向偏移量、模糊大小、阴影尺寸（上述两个值都是可选的）和颜色（同样也是可选的，但是我建议为了效果的一致性，定义一个颜色）。

CSS滤镜是基于被广泛支持的SVG滤镜，我们会在第7章中探讨。

6.8.1 可用的 CSS 滤镜

可供我们选择的CSS滤镜并不多，下面我们将逐个介绍。虽然本书收录了大部分滤镜的图像效果，但是由于印刷效果的原因（黑白图像），读者会难以发现它们之间的区别。记住，你可以在浏览器中通过打开example_06-08来观察它们的效果。我会尝试为每一个效果列出比较合适的值。显而易见的是，越多的值意味着越多的滤镜被添加到其中。我会在相关代码后面给出图像。

- filter: url ('./img/filters.svg#filterRed')：首先定义一个SVG滤镜来使用。
- filter:blur(3px)：使用一个简单的长度值（不是百分比）。

- filter:brightness(2)：使用从0到1的值或者从0%到100%的值。0/0%意味着全黑，1/100%意味着正常没有变化，而任何更高的值意味着更高的亮度。

- filter:contrast(2)：使用从0到1的值或者从0%到100%的值。0/0%意味着全黑，

1/100%意味着正常没有变化，而更高的值意味着更高的对比度。

- ❑ `filter:drop-shadow(4px 4px 6px #333)`：先前提到过。
- ❑ `filter:grayscale(.8)`：使用从0到1或者从0%到100%的值来表示元素灰度化的程度。0表示没有灰度化，而1表示完全灰度化。

- ❑ `filter:hue-rotate(25deg)`：使用从0度到360度表示颜色在色轮上的变化角度。

- filter:invert(75%)：使用从0到1的值或者从0%到100%表示元素中反色的程度。

- filter:opacity(50%)：使用从0到1的值或者从0%到100%的值来改变元素的透明度。这和你熟悉的opacity属性是相似的。然而滤镜是可以多个同时使用的，这让透明效果可以和其他滤镜效果结合在一起。

- `filter:saturate(15%)`：使用从0到1的值或者从0%到100%来表示图像的饱和度。高于1/100%的值会增加额外的饱和度。

- `filter:sepia(.74)`：使用从0到1的值或者从0%到100%来为元素添加褐色滤镜。0/0%表示元素没有变化，而更高的值则表示褐色化程度的提升，1/100%表示最高的效果。

6.8.2　使用多个 CSS 滤镜

你可以轻松地使用多个滤镜：用空格分隔它们即可。如下例，你就可以同时使用opacity、blur和sepia滤镜：

```
.MultipleFilters {
    filter: opacity(10%) blur(2px) sepia(35%);
}
```

注意：除了hue-rotate滤镜外，都不能使用负值。

CSS滤镜在给我们带来炫丽强力效果的同时，也可以让我们可以切换各种效果。我们会在第8章中探讨。

然而，在你为这些新功能痴迷的时候，我希望你可以先考虑一下性能问题。

6.9　CSS 性能的警告

当提到CSS性能的时候，我希望你记住这么一句话：

“括号外的决定了页面的架构，括号内的决定了页面的性能。”——Ben Frain

让我拓展一下我这句小小的格言。

就我目前所能证明的，担心CSS选择器（大括号外面的部分）的性能表现是无意义的。你可以在http://benfrain.com/css-performance-revisited-selectors-bloat-expensive-styles/上查看我的证明。

然而，CSS中某个部分真的会让页面慢下来，就是那些聪明的、“昂贵的”CSS属性（大括号内的部分）。当我们使用“昂贵的”这一形容词，也就意味值它给浏览器带来了极高的负荷。这是浏览器讨厌做的繁重活儿。

我们很容易猜到是什么给浏览器带来了额外的工作量，就是那些在渲染前必须进行的计算工作。举个例子，一个是只有单一背景颜色的标准div容器，另外一个则是在多种渐变背景上叠加的一幅半透明的图像，并且该容器是圆角的，而且添加了`drop-shadow`滤镜。后者必然更加昂贵。它会给浏览器带来更多计算性的工作，因此会导致更多的开销。

因此，慎重地使用滤镜效果。如果可以，在你需要支持的最低级设备上测试一下页面速度是否受到了影响。至少要在开发者工具上进行检测，去掉连续的页面重绘等你认为可能引起问题的现象。你也可以从数据中（如需要花费多少毫秒才能渲染当前的页面）判断出哪种效果才是最有效的。这个数字越低，页面的效率越高（不过要注意浏览器/平台间的差异性，因此，最好在真实设备上进行测试）。

要了解更多，我推荐以下资源：https://developers.google.com/web/fundamentals/performance/rendering/。

CSS 遮罩和剪裁的注意事项

随着CSS Masking Module Level 1的到来，在不久的将来，CSS就可以提供遮罩和剪裁功能了。

这些功能让我们可以把图片剪成任意形状（通过SVG或者一系列多边形的点来指定）。尽管该规范正处于CR阶段，但在我编写本书的时候，浏览器的实现实在太笨重，所以我不作推荐。不过在你阅读此书的时候，浏览器的实现很有可能已经十分可靠了。为了方面查阅，我推荐你在https://www.w3.org/TR/css-masking-1/上阅读相关规范。

同时我认为Chris Coyier在他的文章里很好地解释了有哪些属性已经被很好地实现了。大家可以到https://css-tricks.com/clipping-masking-css/上进行阅读。

最后，可以在http://alistapart.com/article/css-shapes-101上阅读Sara Soueidan的文章，来了解将来我们可以使用什么。

6.10　小结

在本章中，我们了解到了一系列用于设计轻巧美观的响应式页面的CSS功能。CSS3的背景渐变功能使我们减少了对背景图片的依赖。我们甚至可以用它来创建无限重复的背景图案。我们还学会了如何用`text-shadow`来创建简单的文本增强效果，以及如何使用`box-shadow`来为元素加上内阴影和外阴影。我们也了解了CSS滤镜。它们使我们只依靠CSS就能实现令人惊奇的视觉效果，并且可以结合起来同时使用。

在下一章，我们将注意力转向SVG。尽管它已经是一项十分成熟的技术，但是只有在今天的高性能和响应式网站里，才能大展拳脚。

第 7 章

SVG与响应式Web设计

这本书已经、正在而且会继续提到SVG（Scalable Vector Graphics，可伸缩矢量图）。SVG是响应式设计中十分重要的一项技术。它是一种不会过时的、能够轻松解决多屏幕分辨率问题的技术。

Web领域中的图像，如JPEG、GIF或者PNG，都是把它们的可视数据保存为像素形式。如果你将以这种形式保存的图像放大到两倍宽高以上，它的局限性很快就会暴露出来。

下面是一幅相关的截图。我在浏览器上放大了一幅PNG图像：

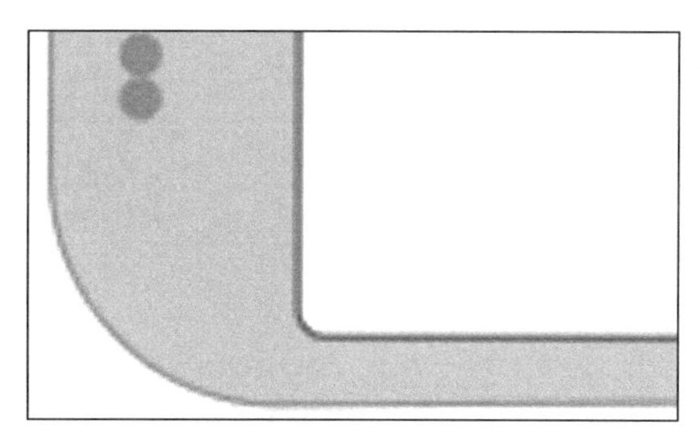

你是否可以看出很明显的像素化呢？下面是同一幅图片，但是保存为SVG格式，我们放大到相同的大小：

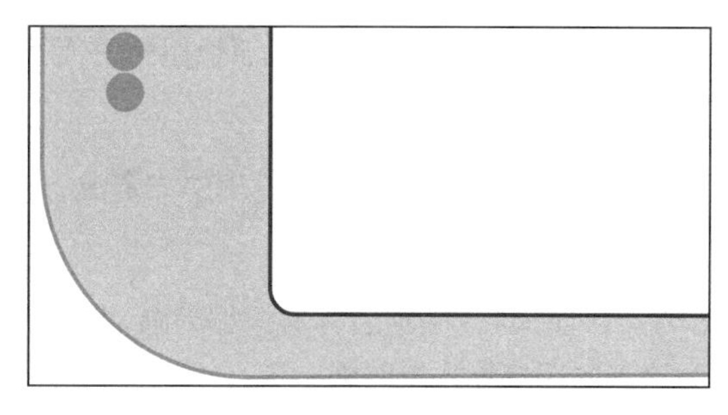

差别是显而易见的。

除了最小的图片资源，如果可能的话，使用SVG替代JPEG、GIF或者PNG。这样可以产生和分辨率无关的图片，而且大小也比位图图像小得多。

本章会涉及SVG的诸多方面，但重点是如何将其集成到你的工作流中，同时也将概述SVG的用途。

本章内容：

- SVG的简史和基本SVG文档的剖析
- 使用流行的图像编辑软件和服务创建SVG
- 使用`img`和`object`标签在页面中插入SVG
- 把SVG用作背景图像
- 把SVG直接内联到HTML文档中
- 复用SVG符号
- 引入外部SVG符号
- 在各种插入方法中可以使用的功能
- SVG动画和SMIL
- 使用外部样式表来为SVG添加样式
- 使用内部样式为SVG添加样式
- 使用CSS修改SVG并为其添加动画效果
- 媒体查询和SVG
- 优化SVG
- 使用SVG来为CSS定义滤镜
- 使用JavaScript和JavaScript库来操纵SVG
- 实现技巧
- 更多资源

SVG是一个十分庞大的主题。因此本章中你需要关心的部分取决于你对SVG的需求。但愿我下面提供的导读能给你带来帮助。

如果你只是为了更清晰的图像和更小的文件大小，而想用SVG代替网站中的静态资源，我推荐你阅读7.4.1节和7.4.3节。

如果你想知道有哪些应用和服务可以帮你生成和管理SVG资源，请跳至7.3节，那里有一些对你有用的链接。

如果你想全面地了解SVG，从而操纵它，或者为其添加动画，那么你最好选一个舒服的姿势，并且备好大份的饮料，因为这需要花费你大量时间。

在开始SVG旅程前，让我们先回到2001年。

7.1 SVG的历史

SVG的第一个版本是在2001年推出的。你没有听错，SVG在2001年就诞生了。尽管它一直在发展，但是直到高分辨率设备的出现才被广泛注意和采用。下面是1.1规范中对SVG的介绍（https://www.w3.org/TR/SVG11/intro.html）：

> "SVG是XML[XML1.0]中用于描述二维图形的语言。SVG支持三种图形对象：矢量图形形状（例如由直线和曲线组成的路径）、图像和文本。"

顾名思义，SVG允许在代码中使用矢量点来描述二维图像。这种优势使SVG被广泛应用到图标、线条图和图表的表示中。

因为矢量图是使用相对点来保存数据的，所以可以缩放到任意大小而不会损失清晰度。此外，由于SVG仅仅保存矢量点，相比于同等尺寸的JPEG、GIF和PNG，其文件大小更小。

SVG现在的浏览器支持度也相当不错，Android 2.3以上和IE9以上都支持（http://caniuse.com/#search=svg）。

7.2 用文档表示的图像

通常情况下，如果你在文本编辑器里查看图像文件的代码，会不知所云。

而SVG不同，它是使用标记式语言进行描述的。SVG使用XML（eXtensible Markup Language，可拓展标记语言）来描述，XML是一种和HTML十分相似的语言。现今，XML在互联网上遍布各地。你使用过RSS阅读器吗？它就是基于XML的。XML是包装RSS内容的语言，从而让它便于被多种工具和服务使用。

所以不仅机器可以阅读和理解SVG图像，我们也可以。

让我举个例子。下面是一幅星星的图片：

这是一张SVG图像，在example_07-01中被命名为Star.svg。如果你在浏览器中打开这个文件，可以看到一个星星；如果你在文本编辑器里打开，会看到生成它的代码。

```
<?xml version="1.0" encoding="UTF-8" standalone="no"?>
<svg width="198px" height="188px" viewBox="0 0 198 188" version="1.1"
xmlns="http://www.w3.org/2000/svg" xmlns:xlink="http://www.
w3.org/1999/xlink" xmlns:sketch="http://www.bohemiancoding.com/sketch/
ns">
    <!-- Generator: Sketch 3.2.2 (9983) - http://www.bohemiancoding.
com/sketch -->
    <title>Star 1</title>
    <desc>Created with Sketch.</desc>
    <defs></defs>
    <g id="Page-1" stroke="none" stroke-width="1" fill="none" fillrule="
evenodd" sketch:type="MSPage">
        <polygon id="Star-1" stroke="#979797" stroke-width="3"
fill="#F8E81C" sketch:type="MSShapeGroup" points="99 154 40.2214748
184.901699 51.4471742 119.45085 3.89434837 73.0983006 69.6107374
63.5491503 99 4 128.389263 63.5491503 194.105652 73.0983006 146.552826
119.45085 157.778525 184.901699 "></polygon>
    </g>
</svg>
```

这就是用于生成星星SVG图片所需的全部代码。

通常来说，如果你从未看过SVG代码，会好奇为什么我需要看这些代码。诚然，如果你只是想在Web页面上显示这些矢量图像，你当然不需要查看代码。只要找一个图形应用，将你的矢量图像保存为SVG格式就大功告成了。我们会在接下来列举这些应用。

尽管大部分情况下我们只会用图像编辑器来编辑SVG，但是明白SVG是如何构成的以及如何调整它还是十分有用的，特别是你要控制它或者给它加上动画效果的时候。

所以，让我们好好研究一下SVG的标记语言，并且了解到底发生了什么。我希望你能注意到以下几个关键点。

7.2.1　SVG 的根元素

SVG的根元素有width、height和viewbox属性。

```
<svg width="198px" height="188px" viewBox="0 0 198 188"
```

这三个属性在SVG展示的时候都起到了十分重要的作用。

希望现在你能很好地理解“视口”这个概念。在本书众多章节中它都用于描述在设备上能够观看内容的面积。举个例子，一部手机的视口可能只有320像素宽480像素高，而桌面电脑则一般有1920像素宽1080像素高。

宽度和高度属性对于创造一个视口十分有用。透过这个定义的视口，我们可以看到内部定义的SVG形状。和普通的Web页面一样，SVG的内容可能会比视口大，但是这不意味着多余的部分就不存在，只是我们看不到而已。

而另一方面，视框（viewbox）则定义了SVG中所有形状都需要遵循的坐标系。

你可以把视框值`0 0 198 198`视为对矩形左上角和右下角的描述。前两个值被称为`min-x`和`min-y`，用于描述左上角的位置。而接下来的两个值被称作宽度和高度，可以描述右下角的位置。

因此`viewbox`属性可以让你缩放图片。例如，你可以这么设置`viewbox`属性：

```
<svg width="198px" height="188px" viewBox="0 0 99 94"
```

那么其中的形状为了填满SVG的宽度和高度，就会被放大。

为了真正地明白视框和SVG坐标系统以及它们带来的机会，我建议你阅读Sara Soueidan的文章：https://sarasoueidan.com/blog/svg-coordinate-systems/，以及Jakob Jenkov的文章：http://tutorials.jenkov.com/svg/svg-viewport-view-box.html。

7.2.2 命名空间

这个SVG会有一个由生成它的图形编辑程序定义的命名空间（`xmlns`是XML命名空间的缩写）。

```
xmlns:sketch="http://www.bohemiancoding.com/sketch/ns"
```

这些命名空间往往只是在生成SVG的程序中使用，所以在Web页面上展示SVG的时候它们并不是必需的。因此在优化流程中，为了减小SVG的大小，通常会把它们去掉。

7.2.3 标题和描述标签

`title`和`desc`标签提高了SVG文档的可读性。

```
<title>Star 1</title>
    <desc>Created with Sketch.</desc>
```

这些标签可以用来在图像不可见的情况下描述图像的内容。然而，当SVG图片被应用为背景图片的时候，可以去除这些标签来减小文件大小。

7.2.4 `defs` 标签

在我们的示例代码里有一个空的`defs`标签：

```
<defs></defs>
```

尽管在我们的示例中它是空的，这仍然是一个十分重要的元素。它是用于储存所有可以复用的元素定义的地方，如梯度、符号、路径等。

7.2.5　元素g

g元素能把其他元素捆绑在一起。例如，你要画一辆车的SVG，你会把用来构成车轮的形状用g标签集合起来。

```
<g id="Page-1" stroke="none" stroke-width="1" fill="none" fillrule="
evenodd" sketch:type="MSPage">
```

在g标签中我们可以看到先前的命名空间。这会有助于图形编辑软件再次打开这个图像，但是它对于这个图片在其他地方展示并没有影响。

7.2.6　SVG形状元素

在本例中最里面的节点是一个多边形（polygon）。

```
<polygon id="Star-1" stroke="#979797" stroke-width="3" fill="#F8E81C"
sketch:type="MSShapeGroup" points="99 154 40.2214748 184.901699
51.4471742 119.45085 3.89434837 73.0983006 69.6107374 63.5491503 99
4 128.389263 63.5491503 194.105652 73.0983006 146.552826 119.45085
157.778525 184.901699 "></polygon>
```

SVG拥有一系列可用的现成形状（path、rect、circle、ellipse、line、polyline、polygon）。

7.2.7　SVG路径

SVG路径和其他SVG形状有所区别，因为它们是由任意数量的连接点组成的（允许你自由创造你想要的形状）。

这就是SVG文件的价值所在。希望你对它有了更高层次的理解。虽然有些人喜欢手写SVG的代码，但是更多人喜欢利用图像工具来生成SVG。下面让我们看看有什么流行的选择。

7.3　使用流行的图像编辑工具和服务创建SVG

尽管SVG可以使用文本编辑器编辑，但是仍然有大量提供了GUI（graphical user interface，图形用户界面）的编辑程序。如果你拥有图像编辑背景，会发现使用这些软件会让你的工作轻松很多。或许最好的选择是Adobe公司的Illustrator（PC/Mac）。然而，对于普通用户来说，AI还是有点昂贵，所以我推荐Bohemian Coding的Sketch（只有Mac版：http://www.sketchapp.com/）。它的售价也不便宜（现在售价是99美元），但是如果你使用的是Mac的话，我推荐你考虑它。

如果你用的是Windows/Linux或者想要一个更便宜的软件，你可以考虑一下免费的开源软件Inkscape（https://inkscape.org/en/）。它绝对不是最好的工具，但它是十分强大的（如果你需要证明，可以到https://inkscape.org/en/gallery/上观看Inkscape的作品展示）。

最后，还有些在线的编辑器。Google有SVG-edit（http://svg-edit.googlecode.com/svn/branches/stable/editor/svg-editor.html）。还有Draw SVG（http://www.drawsvg.org/）和Method Draw，后者被认为是SVG-edit更好看的分支（http://editor.method.ac/）。

利用 SVG 图标服务

上面提到的程序给予了你从头开始创建SVG图像的能力。然而，如果你只是想找一些图标，可以通过从在线图标服务下载SVG版本的图标来节省大量的时间（对于我来说，是为了获得更好看的图标）。我个人最爱的是https://icomoon.io/。

为了快速说明在线图标服务的好处，打开icomoon.io，你会看到一个可以供你搜索的图标库（部分免费，部分收费）：

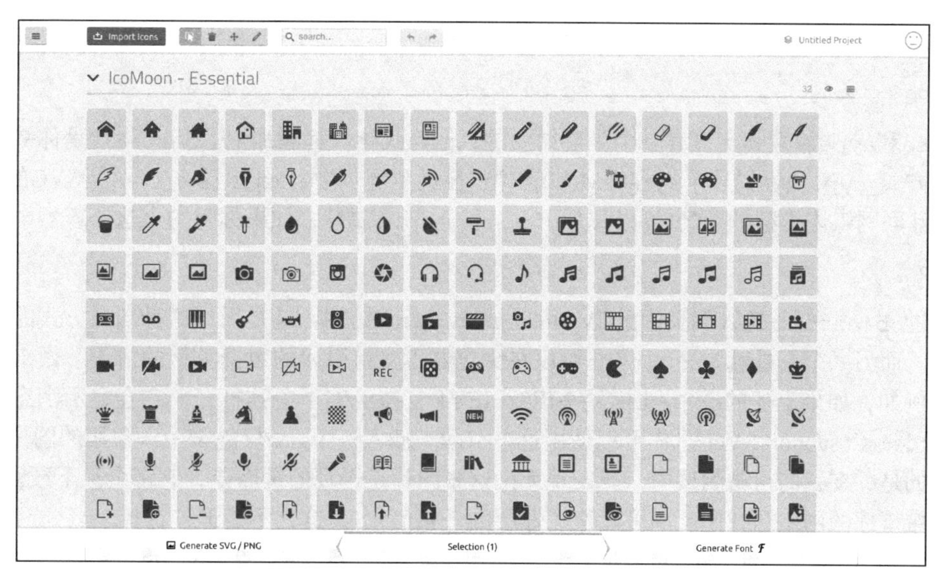

选择你需要的图标，然后下载。生成的文件会包括SVG、PNG和在`defs`元素中使用的SVG符号（记住`defs`元素是引用元素的容器）。

你可以打开example_07-02来看我从https://icomoon.io/下载的包括我选择的五个图标的文件。

7.4　在 Web 页面中插入 SVG

在SVG图片上，你可以做很多（基于浏览器的）你在普通格式图片（JPEG、GIF、PNG）上做不到的事。至于你能做什么，很大程度取决于你如何插入SVG。所以在考虑到底能用SVG做什么前，我们先了解一下插入SVG的多种方法。

7.4.1　使用 img 标签

最直接的插入SVG图像的方式就是你将图像插入到HTML文档中的方式。我们使用一个简单的img标签即可：

```
<img src="mySconeVector.svg" alt="Amazing line art of a scone" />
```

这种情况下，SVG所能做的和其他插入的图片差不多。没什么多说的。

7.4.2　使用 object 标签

object标签是W3C推荐的用于装载非HTML内容的容器（可以在https://www.w3.org/TR/html5/embedded-content-0.html了解object的规范）。我们可以像下面这样利用它插入SVG：

```
<object data="img/svgfile.svg" type="image/svg+xml">
    <span class="fallback-info">Your browser doesn't support SVG</
span>
</object>
```

data和type属性其实只有一个是必须要的，但是我建议都添加上。data属性是你链接SVG资源的方式。type属性描述了内容的MIME类型。在这个例子中，image/svg+xml是SVG的MIME类型（互联网媒体类型）。你也可以添加width和height属性，如果你想约束这个容器中的SVG的大小。

通过object标签插入到页面的SVG可以被JavaScript访问，这是采用这种插入方式的一个重要理由。而另一个好处就是，object可以在浏览器不支持引入的数据类型的情况下做出简单的反馈。例如，如果上述的object标签在IE8（IE8不支持SVG）中被打开，它会显示消息“Your browser doesn’t support SVG”。你可以使用这个空间来插入一个img标签来引入备用的图像。然而要注意的是，在我的粗略测试中，我发现无论这张图片是否真的被需要，它都会被下载。因此，如果你希望你的网站加载速度尽可能快（你会的，相信我），这并不是最佳选择。

如果你想通过jQuery操作通过object插入的SVG，需要使用JavaScript原生的.contentDocument属性。你可以使用jQuery .attr来改变它的内容，如fill。

另一种后备方法是使用CSS中的`background-image`。例如，在上例中，我们可以给后备的span标签添加类`.fallback-info`。我们可以使用CSS来为其添加合适的`background-image`。这种情况下，`background-iamge`只会在需要的情况下才加载。

7.4.3　把 SVG 作为背景图像插入

SVG可以在CSS中用作一个背景图像，和其他图片格式（PNG、JPG、GIF）一样。引入SVG时并没有什么特别之处：

```
.item {
    background-image: url('image.svg');
}
```

对于那些不支持SVG的老旧版本的浏览器，你可能想引入一个支持度更高的后备策略（通常是PNG）。下面就是一种IE8和Android 2上的后备方法。IE8不支持`background-size`和SVG，而Android 2.3不支持SVG并且需要在`background-size`前添加前缀：

```
.item {
    background: url('image.png') no-repeat;
    background: url('image.svg') left top / auto auto no-repeat;
}
```

在CSS中，当两个相同属性都被应用的时候，样式表中下方的属性总会覆盖上方的属性。在CSS中，浏览器总会忽略它所不能理解的那些属性/值对。因此，老式浏览器会加载PNG，因为它们可能不认识SVG或者不能理解没有添加前缀的`background-size`属性。而现代浏览器虽然认识两个写法，但是下方的优先级更高。

你也可以在Modernizr的帮助下提供后备策略。Modernizr是一款JavaScript的浏览器功能检测工具（Modernizr在第5章中有充分的介绍）。Modernizr对于不同的SVG插入方法有单独的测试方法，并且可能在下一个版本（在编写本书的时候还没发布）中添加对于CSS中的SVG的检测。而现在，你可以这么做：

```
.item {
    background-image: url('image.png');
}
.svg .item {
    background-image: url('image.svg');
}
```

你喜欢的话，也可以把逻辑反转：

```
.item {
    background-image: url('image.svg');
}
.no-svg .item {
    background-image: url('image.png');
}
```

当功能检测被充分支持后，你可以这么做：

```
.item {
    background-image: url('image.png');
}

@supports (fill: black) {
    .item {
        background-image: url('image.svg');
    }
}
```

因为`fill`是一个SVG属性，所以如果浏览器支持SVG，那么`@supports`规则就会生效，它就会使用下面的语句覆盖第一条设定。

如果你对SVG的需求主要是静态背景图片或者是图标之类，我强烈建议通过背景图像的方式插入SVG文件。这是因为我们有一堆工具可以自动生成图片精灵和样式表（意味着可以把SVG当作data URI引入）、备用的PNG资源和你创造的SVG所需要的样式表。这种使用SVG的方式支持度不错，因为图像自身的缓存效果挺好（因此性能表现也挺好），而且实现起来也十分简单。

7.4.4　关于 data URI 的简短介绍

如果你读了上一小节，可能会好奇究竟什么是data URI（Uniform Resource Identifier，统一资源标识符）。相对于CSS而言，这是用来引入外部资源的，如图像。因此，我们既可以这样引入外部图像文件：

```
.external {
    background-image: url('Star.svg');
}
```

也可以利用data URI引入图片：

```
.data-uri {
  background-image: url(data:image/svg+xml,%3C%3Fxml%20
version%3D%221.0%22%20encoding%3D%22UTF-8%22%20standalone%3D%22
no%22%3F%3E%0A%3Csvg%20width%3D%22198px%22%20height%3D%22188px-
%22%20viewBox%3D%220%200%20198%20188%22%20version%3D%221.1%22%20
xmlns%3D%22http%3A%2F%2Fwww.w3.org%2F2000%2Fsvg%22%20xmlns%3Axlink
%3D%22http%3A%2F%2Fwww.w3.org%2F1999%2Fxlink%22%20xmlns%3Asketch%3
D%22http%3A%2F%2Fwww.bohemiancoding.com%2Fsketch%2Fns%22%3E%0A%20
%20%20%20%3C%21--%20Generator%3A%20Sketch%203.2.2%20%289983%29%20
-%20http%3A%2F%2Fwww.bohemiancoding.com%2Fsketch%20--%3E%0A%20
%20%20%20%3Ctitle%3EStar%201%3C%2Ftitle%3E%0A%20%20%20%20
%3Cdesc%3ECreated%20with%20Sketch.%3C%2Fdesc%3E%0A%20%20%20%20-
%3Cdefs%3E%3C%2Fdefs%3E%0A%20%20%20%20%3Cg%20id%3D%22Page-1%22%20
stroke%3D%22none%22%20stroke-width%3D%221%22%20fill%3D%22none%22%20
fill-rule%3D%22evenodd%22%20sketch%3Atype%3D%22MSPage%22%3E%
0A%20%20%20%20%20%20%20%20%3Cpolygon%20id%3D%22Star-1%22%20
```

```
stroke%3D%22%23979797%22%20stroke-width%3D%223%22%20
fill%3D%22%23F8E81C%22%20sketch%3Atype%3D%22MSShapeGroup%22%20
points%3D%2299%20154%2040.2214748%20184.901699%2051.4471742%20
119.45085%203.89434837%2073.0983006%2069.6107374%2063.5491503%2099%20
4%20128.389263%2063.5491503%20194.105652%2073.0983006%20146.552826%20
119.45085%20157.778525%20184.901699%20%22%3E%3C%2Fpolygon%3E%0A%20%20
%20%20%3C%2Fg%3E%0A%3C%2Fsvg%3E);
}
```

它并不好看，但是它节省了一次网络请求。data URI有不同的编码方式，并且有大量可用的工具来为你的资源创建data URI。

如果使用这种方式对SVG进行编码，我建议不要采用base64编码，因为它对SVG内容的压缩并不如text好。

7.4.5 生成图像精灵

我个人推荐的用于生成图像精灵或者data URI的工具是Iconizr（http://iconizr.com/）。它让你对最终生成的SVG文件和后备PNG资源拥有完整的控制权。它可以生成data URI格式或者图像精灵的结果。如果你选择生成图像精灵的话，它甚至还会引入必要的JavaScript片段来确保你引入正确的资源。强烈推荐这个工具。

另外，你可能想知道是data URI还是图像精灵比较适合你的项目。为此，我做了进一步的调查，并且列举出它们各自的优缺点。因此，当你面临这种选择的时候，可以访问https://benfrain.com/image-sprites-data-uris-icon-fonts-v-svgs/。

尽管我很喜欢把SVG当作背景图像插入，但是如果你想为它加上动画效果，或者使用JavaScript来插入数据等，那么最好的选择还是把SVG内联到HTML上。

7.5 内联 SVG

由于SVG仅仅是一个XML文档，所以你可以直接将它插入到HTML中。比如：

```
<div>
    <h3>Inserted 'inline':</h3>
    <span class="inlineSVG">
        <svg id="svgInline" width="198" height="188" viewBox="0 0
198 188" xmlns="http://www.w3.org/2000/svg" xmlns:xlink="http://www.
w3.org/1999/xlink">
        <title>Star 1</title>
            <g class="star_Wrapper" fill="none" fill-rule="evenodd">
                <path id="star_Path" stroke="#979797" strokewidth="
3" fill="#F8E81C" d="M99 1541-58.78 30.902 11.227-65.45L3.894
73.097165.717-9.55L99 4129.39 59.55 65.716 9.548-47.553 46.353 11.226
65.452z" />
```

7

```
            </g>
        </svg>
    </span>
</div>
```

并不需要包装什么特别的元素，你只需要直接在HTML标记内插入SVG标记即可。另外，如果你删除掉svg元素的width和height属性，SVG就会自动缩放来填满容器。

直接插入SVG的做法让你可以使用最多的SVG功能。

7.5.1 利用符号复用图形对象

本章前面曾提到，我从IcoMoon（https://icomoon.io/）上挑选并下载了一些图标。它们是用于描述触摸手势的图标：滑动、缩放、拖动，等等。假设在你正在搭建的网站上，你需要多次使用它们。是否还记得我曾经提过在SVG的符号定义里的版本属性？现在我们来使用它。

在example_07-09里，我们通过defs引入多个符号定义。你会注意到，在SVG元素上，内联样式是display:none，并且width和height属性都被设为0（如果你喜欢的话，可以在CSS上设置这些样式）。这样，SVG就不会占用空间了。我们只是使用SVG作为容器来放置我们的图形对象的符号。

所以，我们的代码会是这样的：

```
<body>
    <svg display="none" width="0" height="0" version="1.1"
xmlns="http://www.w3.org/2000/svg" xmlns:xlink="http://www.
w3.org/1999/xlink">
    <defs>
    <symbol id="icon-drag-left-right" viewBox="0 0 1344 1024">
        <title>drag-left-right</title>
        <path class="path1" d="M256 192v-160l-224 224 224
224v-160h256v-128z"></path>
```

注意到defs元素中的symbol元素了吗？这就是我们定义一个形状以供稍后使用时，会用到的元素。

在定义所有必需的符号元素后，我们开始“正常”的HTML编码。然后，如果想使用其中一个符号，我们会这么做：

```
<svg class="icon-drag-left-right">
  <use xlink:href="#icon-drag-left-right"></use>
</svg>
```

这样，页面上就会展示拖动图标：

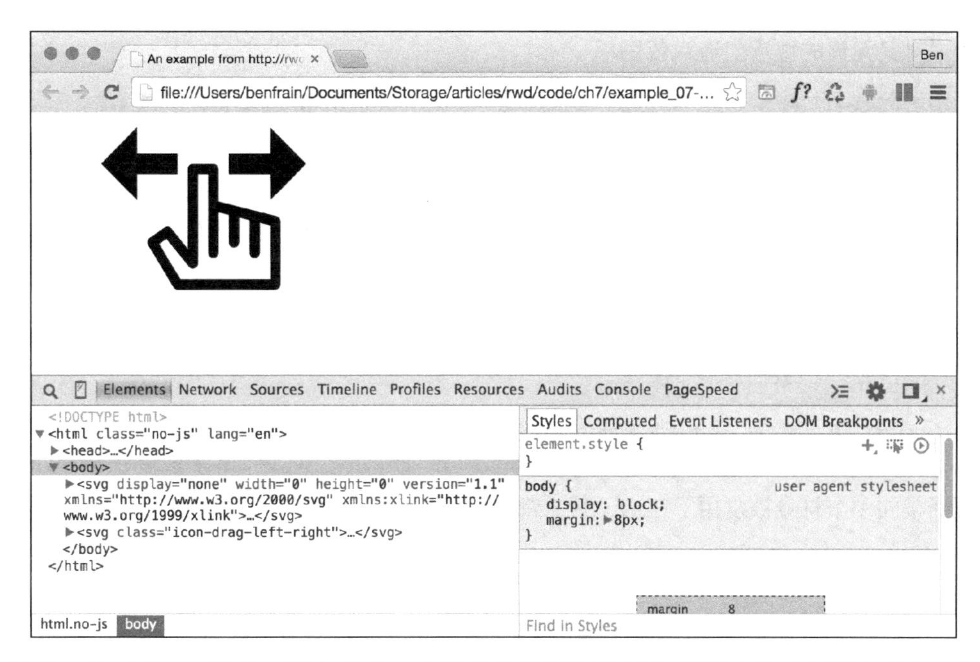

神奇之处就是use元素。顾名思义，它就是把已经定义好的图形对象“使用”起来。它通过xlink属性来选择引入的对象。在本例中，这个属性是拖动图标的符号ID（#icon-drag-left-right）。我们在文档前定义了这个符号。

当复用符号的时候，除非你明确指定了符号的大小（通过属性设置或者CSS设置），否则use会默认宽高为100%。所以，我们可以这样来重新设置图标大小。

```
.icon-drag-left-right {
    width: 2.5rem;
    height: 2.5rem;
}
```

use元素可以复用所有的SVG内容：梯度、形状、符号等。

7.5.2　根据上下文改变内联 SVG 颜色

使用内联SVG后，你可以根据上下文来改变SVG的颜色。这在你需要多个版本的图标时是十分有用的：

```
.icon-drag-left-right {
    fill: #f90;
}

.different-context .icon-drag-left-right {
    fill: #ddd;
}
```

通过对父元素的继承创造双色图标

使用内联SVG，你可以实现一些有趣的效果。例如，利用旧CSS变量currentColor，把一个单色的SVG图标变成双色（只要SVG内包含了多个路径）。要实现这种效果，需要在SVG符号中，把你想设置为单一颜色的路径的fill属性设定为currentColor，然后使用CSS中的color属性设定这个元素的颜色。至于没有设置fill属性的路径，它们则会使用CSS定义的fill值。例如：

```
.icon-drag-left-right {
    width: 2.5rem;
    height: 2.5rem;
    fill: #f90;
    color: #ccc; /* 这会应用在symbol中那些将fill属性值设置为currentColor的path上 */
}
```

下面是同一个符号被复用了三次，每次都是不同的颜色和大小：

你可以在example_07-09中发现更多有用的东西。例如，颜色值并不需要设置在元素本身，我们可以设置在父元素上。currentColor会继承DOM树上最近的父元素的色值。

这种使用方式有很多好处。唯一的坏处是，如果你想在页面上使用这些图标，就必须引入同一个SVG代码。然而，因为资源（SVG代码）不容易被缓存，所以这会影响性能。不过，我们有备用方案（如果你乐于插入一个脚本用于兼容IE浏览器）。

7.5.3　复用外部图形对象资源

如果每个页面都要添加庞大的符号集合，那无疑十分烦人。因此，我们可以使用use元素链接到外部的SVG文件，并且抓取你想要使用的部分。看一下example_07-10会发现，我们在example_07-09中使用的三个图标使用了以下这种插入方式：

```
<svg class="icon-drag-left-right">
    <use xlink:href="defs.svg#icon-drag-left-right"></use>
</svg>
```

最重要的部分是href。我们链接到外部SVG文件（defs.svg部分），然后确定文件中我们想使用的符号的ID（#icon-drag-left-right部分）。

这样做的好处是，资源会被浏览器缓存（和其他外部图像一样），并且防止我们的代码被一堆SVG的符号定义塞满。不足之处是，和直接内联defs不一样，对defs.svg做的变动（例如，用JavaScript改变其中一条路径）不会被更新到use标签中。

不过有个坏消息，IE浏览器不支持对外部符号资源的引用。幸好，对于IE9~IE11，我们有腻子脚本（polyfill）。它被称为“给每个人的SVG”（SVG for Everybody），可以让我们忽略IE的限制。你可以到https://github.com/jonathantneal/svg4everybody上了解。

使用了该段JavaScript脚本后，你就可以愉快地引入外部资源。在IE下，腻子脚本会将其中的SVG数据直接插入到文档中供你使用。

7.6 不同插入方式下可以使用的功能

如前所述，SVG和其他图片资源是不一样的。在不同的插入方式下，它们有不同的行为。我们已经知道了有四种主要方法可以插入SVG：

- 通过img标签插入
- 通过object标签插入
- 设置为背景图像
- 内联

在上面各种插入方式里，有的功能是可用的，有的功能是不可用的。

要明白在每种插入方式中你可以使用的功能，请看下表。

特征	img标签插入	object标签插入	内联	背景图片
SMIL动画	Y	Y	Y	Y
外部CSS控制	N	*1	Y	N
内部CSS修改	Y	Y	Y	Y
通过JavaScript控制	N	Y	Y	N
缓存	Y	Y	*2	Y
SVG内部的媒体查询	Y	Y	*3	Y
使用use	N	Y	Y	N

我们可以看到表中有些用数字标记的注意事项。

- *1：在使用object插入SVG的时候，你可以使用外部样式表，但是你必须在SVG文件里引入该样式表。
- *2：你可以通过外部资源（可以缓存）的方式引入SVG，但是在IE浏览器中默认是不支持的。
- *3：在内联SVG文件中的样式表部分的媒体查询，其作用对象是其所在文档的大小（而非SVG本身大小）。

浏览器兼容性问题

要注意到每个浏览器对SVG的实现可能不一样。因此，不是每个浏览器都实现了上述内容，又或者，不是每个浏览器的表现都是一致的。

例如，上表中描述的结果是基于example_07-03生成的。

示例的行为在最新版本的Firefox、Chrome和Safari中都是一致的。然而，IE有的时候会不一样。

例如，我们已知，在所有兼容SVG的IE版本（此刻指的是IE9、IE10和IE11）里，不能引用外部SVG资源。此外，无论采用什么方法插入SVG，IE都会把外部样式表中的样式应用到SVG上（其他浏览器只有在SVG采用内联或者object标签方式引入的时候才应用）。IE还不允许通过CSS为SVG添加动画，你只能用JavaScript实现。我这里要唠叨一下：在IE上，你只能通过JavaScript为SVG添加动画。

7.7　SVG的怪癖

让我们先把浏览器的小毛病放到一边，考虑一下表中这些特征允许你做什么，以及为什么你想用/不想用它们。

无论用什么方式插入，SVG都会使用设备最高的分辨率来渲染。在大多数情况下，分辨率无关性是使用SVG的理由。至于选择哪种插入方式，一般取决于你的工作流和手头上的工作。

然而，还是有其他功能值得了解的。例如SMIL动画、引入外部样式表的方式、用字符数据分隔符标识内部资源的方法、使用JavaScript修改SVG的方法以及如何在SVG内部使用媒体查询。下面让我们来了解了解。

7.7.1　SMIL动画

SMIL动画（https://www.w3.org/TR/smil-animation/）是一种在SVG文档内部定义SVG动画的方法。

SMIL（发音和“smile”一致）是synchronized multimedia integration language（同步多媒体集成语言）的缩写，被开发来作为在XML文档中定义动画的方法（记住，SVG是基于XML的）。

下面是定义SMIL动画的示例：

```
<g class="star_Wrapper" fill="none" fill-rule="evenodd">
    <animate xlink:href="#star_Path" attributeName="fill"
attributeType="XML" begin="0s" dur="2s" fill="freeze" from="#F8E81C"
to="#14805e" />

    <path id="star_Path" stroke="#979797" stroke-width="3"
fill="#F8E81C" d="M99 1541-58.78 30.902 11.227-65.45L3.894
73.097165.717-9.55L99 4129.39 59.55 65.716 9.548-47.553 46.353 11.226
65.452z" />
</g>
```

我采用的是一个我们先前看过的SVG示例。`g`元素是SVG中的一个分组元素。在此例中，它包括了一个星形（带有属性`id="star_Path"`的`path`元素）和`animate`元素中的SMIL动画。这个简单的动画是在两秒内把星形从黄色渐变为绿色。更重要的是，无论是通过`img`、`object`、`background-image`或者内联插入，都会实现该动画效果（你可以在除IE外的浏览器中打开example_07-03观看效果）。

tweening

tweening（渐变）是inbetweening的缩写。它表示从动画中的某一个点过渡到另一个点。

这效果很棒，对不对？尽管SMIL成为标准已经有一段时间了，但是它也行将就木了。

SMIL的结局

IE并不支持SMIL，或者说，不怎么、不太、不那么、几乎不支持。恩，言下之意就是SMIL在此时不受IE支持。

更糟糕的是（我知道，我在打击你）微软并没有计划引入它。你可以在https://developer.microsoft.com/en-us/microsoft-edge/platform/status/svgsmilanimation上看看平台支持度。

另外，Chrome已经声明了准备在Chrome浏览器上放弃SMIL：https://groups.google.com/a/chromium.org/forum/#!topic/blink-dev/5o0yiO440LM%5B1-25%5D。

如果你还是需要使用SMIL，Sara Soueidan写了一篇十分有深度的文章来介绍SMIL动画。可以访问https://css-tricks.com/guide-svg-animations-smil/阅读。

万幸的是，仍然有许多方法来制作SVG动画，我们稍后会谈到。所以如果你要支持IE浏览器，请一定要坚持读下去。

7.7.2 使用外部样式表为 SVG 添加样式

我们可以用CSS来为SVG添加样式。你可以把CSS包裹在SVG内，或者在你写CSS的地方添加这类CSS。

现在，如果翻到我们之前提起的功能表，你会看到，当使用img标签或者作为background-image插入图片时（除了IE浏览器），你是不能使用外部CSS给SVG添加样式的。只有在内联或者通过object标签插入的情况下，才能实现。

有两种方法可以在SVG中链接外部样式表。最直接的方式是这样（你通常会在defs部分中添加）：

```
<link href="styles.css" type="text/css" rel="stylesheet"/>
```

这和我们在HTML5前链接样式表的方法比较相似（例如，type属性在HTML5中已经不是必需的了）。然而，尽管在很多浏览器上这个方法都能生效，但是它不是规范上定义的标准方法https://www.w3.org/TR/SVG/styling.html。下面是正确的/官方的方法，是1999年为XML定义的（https://www.w3.org/1999/06/REC-xml-stylesheet-19990629/）：

```
<?xml-stylesheet href="styles.css" type="text/css"?>
```

你需要在你的SVG元素前添加这段代码。例如：

```
<?xml-stylesheet href="styles.css" type="text/css"?>
<svg width="198" height="188" viewBox="0 0 198 188" xmlns="http://www.
w3.org/2000/svg" xmlns:xlink="http://www.w3.org/1999/xlink">
```

有趣的是，后者是唯一一个可以在IE上工作的语法。所以，当你需要从你的SVG中链接外部样式表时，我推荐你使用第二种语法，因为它的支持度更高。

当然，你不是必须要使用外部样式表，你可以在SVG上直接使用内联样式。

7.7.3 使用内联样式为 SVG 添加样式

你可以在SVG内部放置它本身的样式。它们应该被放置在defs元素内。因为SVG是基于XML的，所以比较安全的做法是要加上字符数据（Character Data，CDATA）标记。CDATA标记只是告诉浏览器，字符数据分隔符之间的信息可以当作XML标记插入，但是不应该被插入。语法如下：

```
<defs>
```

```
        <style type="text/css">
            <![CDATA[
                #star_Path {
                    stroke: red;
                }
            ]]>
        </style>
    </defs>
```

CSS中的SVG属性

注意上例代码中的stroke属性。它并不是CSS属性，而是SVG属性。你在样式中可以使用不少的SVG属性（无论是内联样式抑或外部样式表）。例如，对于SVG，你不用指定background-color，而是需要定义fill。你无需定义border，而是定义stroke-width。如果想知道所有SVG的属性值，可以参考规范：https://www.w3.org/TR/SVG/styling.html。

无论是内联还是外部引入的CSS，你都可以做“正常”的CSS行为：改变元素的外观、添加动画、变换元素，等等。

7.7.4 用 CSS 为 SVG 添加动画

让我们看一个在SVG内部为SVG添加CSS动画的例子（记住，这些样式也可以写在外部样式表中）。

让我们拿之前看到的星形举个例子。这次我们让它旋转起来。你可以查看example_07-07：

```
<div class="wrapper">
    <svg width="198" height="188" viewBox="0 0 220 200" xmlns="http://
www.w3.org/2000/svg" xmlns:xlink="http://www.w3.org/1999/xlink">
        <title>Star 1</title>
        <defs>
            <style type="text/css">
                <![CDATA[
                @keyframes spin {
                    0% {
                        transform: rotate(0deg);
                    }
                    100% {
                        transform: rotate(360deg);
                    }
                }
                .star_Wrapper {
                    animation: spin 2s 1s;
                    transform-origin: 50% 50%;
                }
                .wrapper {
                    padding: 2rem;
                    margin: 2rem;
                }
```

```
                ]]>
            </style>
            <g id="shape">
                <path fill="#14805e" d="M50 50h50v50H50z"/>
                <circle fill="#ebebeb" cx="50" cy="50" r="50"/>
            </g>
        </defs>
        <g class="star_Wrapper" fill="none" fill-rule="evenodd">
            <path id="star_Path" stroke="#333" stroke-width="3"
fill="#F8E81C" d="M99 154l-58.78 30.902 11.227-65.45L3.894
73.097l65.717-9.55L99 4l29.39 59.55 65.716 9.548-47.553 46.353 11.226
65.453z"/>
        </g>
    </svg>
</div>
```

如果你在浏览器中观看示例，一秒钟后，星形会完成一次耗时两秒的旋转。

要注意SVG上的`transform-origin`被设置为`50% 50%`。这是因为与CSS不同，SVG默认的`transform-origin`不是`50% 50%`（元素的正中间），而是`0 0`（元素的左上角）。如果不指定该属性，星形会围绕左上角进行旋转。

仅仅用CSS的animation你就可以制作很多SVG动画（当然是在不需要兼容IE的情况下）。然而，当你需要添加交互功能、支持IE浏览器或者同步一系列事件的时候，最好使用JavaScript实现动画效果。幸运的是，我们可以依靠一些库来制作SVG动画。下面让我们看一个这样的例子。

7.8　使用 JavaScript 添加 SVG 动画

当一个SVG是通过内联或者`object`标签的方式插入到页面时，我们可以通过JavaScript直接或者间接地控制它。

间接的意思是指我可以通过JavaScript来改变它或者它的父类的class，从而触发动画效果。例如：

```
svg {
    /* 没有动画效果 */
}

.added-with-js svg {
    /* 动画 */
}
```

当然，你也可以直接使用JavaScript来制作动画效果。

如果你只要实现一两个独立的动画效果，那么自己手写JavaScript代码会是一个明智的、更为轻量级的选择。然而，如果你需要在时间轴上添加大量的动画效果或者需要同步多个动画，那么一个JavaScript动画库会让你事半功倍。最终，你需要判断的是，为了你的目标引入这个库到页面里是否合适。

我推荐使用GreenSock动画平台（http://greensock.com/）、Velocity.js（http://julian.com/research/velocity/）或者Snap.svg（http://snapsvg.io/）。在下个例子里，我会使用GreenSock写一个小例子。

使用 GreenSock 添加 SVG 动画

假设我们要做一个刻度盘，它们会根据我们设定的值而展示动画。我们希望不仅刻度盘的边框长度和颜色会改变，同时中间的数字也会变化。你可以在example_07-08中查看完整代码。

所以，假如我们输入75，然后点击“Animate!!”按钮，它会变成这个样子：

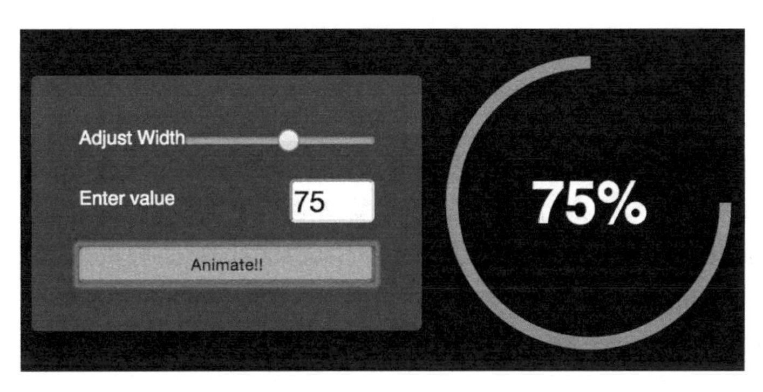

为了简洁，我不会贴出完整的JavaScript代码（那里有详细的注释，因此你应该独立去阅读它），我只关注几个关键点。

基本思想是，我们需要用`<path>`元素（而不是`<circle>`元素）来实现一个圆圈。路径（path）就意味着我们可以使用`stroke-dashoffset`技术来制作动画路径。在后文中我们会谈到这项技术，因此这里我只是简短地介绍一下。我们使用JavaScript来度量路径的长度，然后使用`stroke-dashoffset`属性来指定渲染部分的长度和缺失部分的长度。然后用`stroke-dashoffset`来改变`dasharray`开始的位置。这意味着你可以控制`path`上的`stroke`的长度，并且让它动起来。这看起来好像路径正在绘制一样。

如果`dasharray`变化的目标值是一个静态的已知值，那么使用CSS的animation实现也是相对简单的（我们会在下一章中讨论）。

当然，除了动态值问题外，我们还需要让`stroke`的颜色渐变，还要可视化地在文本节点上显示输入值的计算过程。这个动画的复杂程度相当于我们在拍着自己的头、揉着自己的肚子的同时从10 000开始倒数。GreenSock让这些任务变得相当简单（动画部分：它不会要求你拍头或者揉肚子，但是你还是需要从10 000开始倒数）。下面是让GreenSock产生该效果的JavaScript代码：

```
// 动态绘制线条并改变颜色
TweenLite.to(circlePath, 1.5, {'stroke-dashoffset': "-"+amount,
stroke: strokeEndColour});
// 将计数器设置为0，然后根据输入值改变
var counter = { var: 0 };
TweenLite.to(counter, 1.5, {
    var: inputValue,
    onUpdate: function () {
        text.textContent = Math.ceil(counter.var) + "%";
    },
    ease:Circ.easeOut
});
```

从本质上讲，你需要往`TweenLite.to()`函数传入你想要的动画、动画开始的时间点、你想改变的数值（和改变后的结果）。

GreenSock拥有出色的文档和论坛，所以一旦你发现自己需要做大量的同步动画，请从你的日程里空出一天来熟悉GreenSock。

可能你没听过SVG“线图”技术。Vox Media曾经用线图技术绘制出Xbox One和Playstation 4游戏手柄。这个事情曾经被Polygon杂志报道过。你可以在http://product.voxmedia.com/2013/11/25/5426880/polygon-feature-design-svg-animations-for-fun-and-profit上查看原文。另外，Jake Archibald在https://jakearchibald.com/2013/animated-line-drawing-svg/上也有很棒的解释。

7.9 优化 SVG

作为一个尽责的开发者，我们会尽可能压缩资源大小。最简单的方法是使用自动化工具来优化SVG文件。除了那些明显的做法，如去掉不需要的元素（如标题和描述元素），我们还可以做很多微优化。这些微优化叠加后，其效果往往出乎我们的意料。

目前，我推荐使用SVGO（https://github.com/svg/svgo）。如果你从没使用过SVGO，我推荐你从SVGOMG（https://jakearchibald.github.io/svgomg/）开始。这是一个浏览器版本的SVGO，你可以切换不同的优化插件，并且可以看到即时的优化反馈。

还记得本章开头的星形例子吗？默认情况下，该例子的大小为489字节。通过SVGO处理后，它的大小会变为218字节，这还是在保留了`viewbox`的情况下。它们压缩了55.42%的大小。如果你使用了一大堆SVG图像，这种优化的效果会很明显。下面是优化后的SVG代码：

```
<svg width="198" height="188" viewBox="0 0 198 188" xmlns="http://
www.w3.org/2000/svg"><path stroke="#979797" stroke-width="3"
fill="#F8E81C" d="M99 1541-58.78 30.902 11.227-65.45L3.894
```

```
73.097165.717-9.55L99 4129.39 59.55 65.716 9.548-47.553 46.353 11.226
65.454z"/></svg>
```

使用SVGO之前你要意识到，SVGO非常流行，其他很多SVG工具也使用它。例如，我们提到过的Iconizr（http://iconizr.com/）就会默认用SVGO处理你的SVG文件。所以，你要尽量避免无意义的多次优化。

7.10 把 SVG 作为滤镜

在第6章中，我们提到了CSS的滤镜效果。然而，它们在IE10和IE11上尚未被支持。庆幸的是，我们可以依靠SVG在IE10和IE11上创建滤镜。但是这和以往一样，并没有你想象中那么直接。例如，在example_07-05里，我们在body里有如下标记：

```
<img class="HRH" src="queen@2x-1024x747.png"/>
```

那是一张英国女王的图片，像这样：

同样，在该示例的文件夹里，有一个SVG里定义了一个滤镜，代码如下：

```
<svg xmlns="http://www.w3.org/2000/svg" version="1.1">
    <defs>
        <filter id="myfilter" x="0" y="0">
            <feColorMatrix in="SourceGraphic" type="hueRotate"
values="90" result="A"/>
            <feGaussianBlur in="A" stdDeviation="6"/>
        </filter>
```

```
    </defs>
</svg>
```

在滤镜内，我们首先定义一个90度的色盘旋转（使用feColorMatrix），然后写入特效，通过result属性导向下一个过滤器（feGaussianBlur），并在上面设置模糊值为6。这里要强调一下，它看上去并不优雅，但是无疑它能够正常工作。

现在，我们无需直接把SVG标记添加到HTML中去，而是通过上一章提到的CSS过滤器语法引用它。

```
.HRH {
    filter: url('filter.svg#myfilter');
}
```

在大多数流行的浏览器（Chrome、Safari、Firefox）上，效果是这样的：

不幸的是，这个方法在IE10和IE11上并不生效。然而，还是有其他方法来达到目标的。我们可以直接在SVG里用SVG的image标签引入该图片。在example_07-06中，我们有如下代码：

```
<svg height="747px" width="1024px" viewbox="0 0 1024 747"
xmlns="http://www.w3.org/2000/svg" version="1.1">
    <defs>
        <filter id="myfilter" x="0" y="0">
            <feColorMatrix in="SourceGraphic" type="hueRotate"
values="90" result="A"/>
            <feGaussianBlur in="A" stdDeviation="6"/>
        </filter>
    </defs>
```

```
    <image x="0" y="0" height="747px" width="1024px"
xmlns:xlink="http://www.w3.org/1999/xlink" xlink:href="queen@2x-
1024x747.png" filter="url(#myfilter)"></image>
</svg>
```

这个SVG标记和前一个例子中的外部filter.svg滤镜十分相似，但是添加了height、width和viewbox属性。另外，我们需要的图像是SVG中defs元素外的唯一内容。我们使用filter属性和滤镜的ID来链接到我们需要的滤镜（在上方的defs中定义）。

虽然这个方法比较麻烦，但是你可以从SVG里获得更多的滤镜效果，而且能够在IE10和IE11中正常工作。

7.11 SVG 中媒体查询的注意事项

所有支持SVG的浏览器应该都支持SVG内部定义的CSS媒体查询。然而，当你用到SVG内部的媒体查询时，还是要注意一些小问题。

例如，假设你插入如下的SVG内部媒体查询：

```
<style type="text/css"><![CDATA[
    #star_Path {
        stroke: red;
    }
    @media (min-width: 800px) {
        #star_Path {
            stroke: violet;
        }
    }
]]></style>
```

当视口为1200像素宽的时候，该SVG的大小为200像素宽。

我们想让这个星星在屏幕宽度超过800像素的时候，边框呈现为紫色。而这正是我们所写的媒体查询的意图。然而，当SVG通过img标签插入、作为背景图像插入或者通过object标签插入的时候，它们并不清楚外部HTML文档的信息。因此，此时的min-width就是SVG本身的最小宽度。所以，除非SVG本身的宽度大于800像素，否则边框不会变成紫色。相反，当你插入一个内联SVG的时候，它和页面融合在一起（某种程度上可以这么说）。此时媒体查询中的min-width会由视口（就是HTML中的视口）决定。

为了解决这个问题，并且让媒体查询表现一致，可以这样修改我们的代码：

```
@media (min-device-width: 800px) {
    #star_Path {
        stroke: violet;
    }
}
```

7

这种情况下，无论SVG大小如何，采用何种方法插入，它们都会寻找设备宽度（也就是视口）进行比对。

7.11.1　实现技巧

本章差不多要结束了，但是就SVG而言，我们仍然有很多可以谈的。因此，我列出几个不相关的注意事项。它们不太值得我们长篇大论，但是我会用注意事项的方式标记出来，从而节省你搜索的时间。

- 如果你不需要添加SVG动画，选择图片精灵或者data URI样式表的方式进行调用。这样会更容易提供备用资源，而且在性能方面也表现得更好。
- 在资源创建的过程中尽可能使用自动化，这样会减少人工错误并且效率更高。
- 要在项目中插入SVG的话，尽可能只用一种调用方式（图片精灵、data URI或者内联）。多种引入方式不利于后期维护。
- 在SVG动画上没有“一刀切”的方案。对于偶尔使用而且简单的动画，使用CSS。对于交互复杂的动画或者时间轴动画，而且需要在IE上生效的，使用可靠的库，如GreenSock、Velocity.js或者Snap.svg。

7.11.2　更多资料

正如我在本章开头提到的，本书篇幅有限，而我也没有能力传授所有SVG知识。因此，我提供下列优质的学习资源。

- 《SVG精髓（第2版）》[①]，由J. David Eisenberg和Amelia Bellamy-Royds编写。
- SVG动画（SMIL）指南，由Sara Soueidan编写（https://css-tricks.com/guide-svg-animations-smil/）。
- SVG内部媒体查询测试，由Jeremie Patonnier编写（http://jeremie.patonnier.net/experiences/svg/media-queries/test.html）。
- 现代浏览器的SVG指南（https://www.w3.org/Graphics/SVG/IG/resources/svgprimer.html）。
- 了解SVG坐标系和变换（第一部分），由Sara Soueidan编写（https://sarasoueidan.com/blog/svg-coordinate-systems/）。
- 动手实践：SVG滤镜效果（https://testdrive-archive.azurewebsites.net/Graphics/hands-on-css3/hands-on_svg-filter-effects.htm）。
- SVG教程，由Jakob Jenkov编写（http://tutorials.jenkov.com/svg/index.html）。

① 此书已由人民邮电出版社出版。——编者注

7.12 小结

在本章中，我们介绍了很多在响应式设计中使用SVG前需要知道的知识。我们介绍了不同的图像编辑程序和在线方式来创造SVG资源。还探讨了各种插入方式、它们对应的功能以及在各浏览器中的表现。

我们还了解了怎么引入外部资源中的SVG和重用SVG符号。此外还学习了如何利用可以被引用到CSS中的SVG制造滤镜，以获得比CSS滤镜更广泛的支持。

最后，我们了解了如何用JavaScript库来帮助我们制作SVG动画，以及如何用SVGO工具来优化SVG。

下一章，我们会了解CSS中的过渡、变形和动画。它也是值得阅读的和SVG相关的章节，因为很多语法和技术也能用在SVG文件中。所以，给你自己备好一杯热饮，我们稍后再见。

第 8 章

CSS3过渡、变形和动画

8

从历史上看，每当需要移动元素或者添加动画效果时，这就是JavaScript的专属领域。现如今，通过CSS3的三个主要代理——过渡（transition）、变形（transform）和动画（animation）——就可以完成大部分动画工作。事实上，只有过渡和动画是和运动相关的，变形只是让我们去改变元素。但是正如我们看到的，在制作优秀的动画效果时，它们三个都是不可或缺的。

为了讲清楚它们各自的责任，我将在这里做一些简单的解释。

- 当你知道动画的起始状态和终止状态，并且需要一个简单的变形方法时，使用CSS过渡。
- 当你需要在视觉上改变某个元素但又不想影响页面布局的时候，使用CSS变形。
- 当你想在一个元素上执行一系列关键帧动画时，使用CSS动画。

那么就让我们来了解如何使用这些功能吧。在这一章，我们会谈到：

- 什么是CSS3过渡以及如何使用它
- 如何编写CSS3过渡以及它的简写语法
- CSS3过渡调速函数（`ease`、`cubic-bezier`等）
- 响应式网站中有趣的过渡效果
- 什么是CSS3变形以及如何使用它
- 理解不同的2D变形（`scale`、`rotate`、`skew`、`translate`等）
- 理解3D变形
- 如何使用`keyframes`（关键帧）制作动画效果

8.1 什么是 CSS3 过渡以及如何使用它

当元素的CSS状态改变时，过渡是最简单的创造视觉效果的方式。让我们看一个简单的例子，当鼠标悬停在一个元素上时，元素从一个状态过渡到另一个状态。

我们在给超链接设置样式的时候，一般都会设置一个悬停状态的效果，这种方法能明显地提醒用户他的鼠标指向的是一个超链接。虽然悬停状态对越来越多的触摸屏设备没有太大用处，但对于使用鼠标的用户来说，却是与网站交互的一种简单实用的方式。我们用这个例子来说明过渡。

在使用CSS的时候，悬停状态通常就是一个开关。元素默认有一个状态，然后在鼠标悬停其上时马上切换到另一种状态。而CSS3的过渡，顾名思义，允许我们在不同的状态之间切换。

> 先让我们了解几个重要的事情。首先，你不能从display: none;状态开始过渡。当某个元素被设为display: none;的时候，事实上它没有被“绘制”在屏幕上，所以没有状态让你进行过渡。为了创造渐进的效果，你需要修改opacity或者position的值。其次，并非所有属性都可以进行过渡。为免你做无用的尝试，请看可以进行过渡的元素的列表：https://www.w3.org/TR/css3-transitions/。

打开example_08-01，你会看到nav标签里有一些链接。相关代码如下：

```
<nav>
    <a href="#">link1</a>
    <a href="#">link2</a>
    <a href="#">link3</a>
    <a href="#">link4</a>
    <a href="#">link5</a>
</nav>
```

相关CSS代码如下：

```
a {
    font-family: sans-serif;
    color: #fff;
    text-indent: 1rem;
    background-color: #ccc;
    display: inline-flex;
    flex: 1 1 20%;
    align-self: stretch;
    align-items: center;
    text-decoration: none;
    transition: box-shadow 1s;
}

a + a {
    border-left: 1px solid #aaa;
}

a:hover {
    box-shadow: inset 0 -3px 0 #CC3232;
}
```

此时超链接有两种状态，下图为默认状态：

下图为悬停状态：

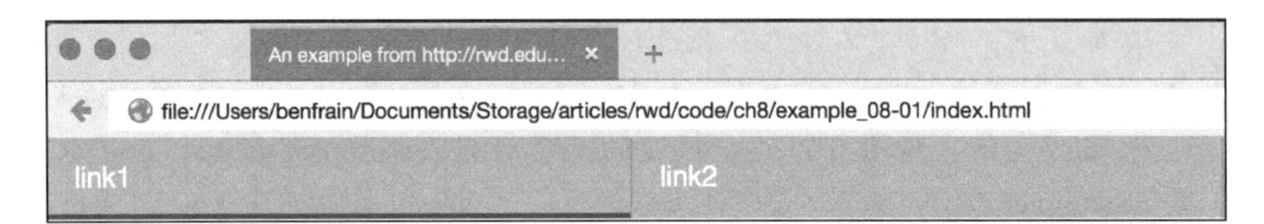

在本例中，当鼠标悬停在链接上时，我们在底部添加了红色阴影（我选择box-shadow是因为它不会像border那样影响元素的页面布局）。在通常情况下，悬停的时候，链接会从状态一（没有红线）切换到状态二（带有红线）；它看起来像一个开关。然而，以下这行代码：

```
transition: box-shadow 1s;
```

在box-shadow上，将会耗时1秒，从现存状态切换到悬停状态。

你会注意到，我们在上述例子的CSS中使用了相邻兄弟选择器+。这表示，如果一个选择器（在本例中是一个锚标记）直接跟随另一个选择器（另一个锚标记），那么就应用大括号内的样式。这在我们不想为第一个元素添加左边框的时候十分有用。

注意，在CSS中过渡属性应用到元素的初始状态而不是结束状态上。简言之，过渡声明是应用在from状态而不是to状态上。这样，不同的状态，比如:active，也可以有不同的样式集，却有一样的过渡。

8.1.1　过渡相关的属性

过渡可以用四个属性声明。

- transition-property：要过渡的CSS属性的名字（如background-color、text-shadow或者all，all会过渡所有可以过渡的属性）。
- transition-duration：定义过渡效果持续的时长（用秒进行定义，例如.3s、2s或1.5s）。
- transition-timing-function：定义过渡期间的速度变化（例如ease、linear、ease-in、ease-out、ease-in-out或者cubic-bezier）。
- transition-delay：可选，用于定义过渡开始前的延迟时间。相反，将值设置为一个负数，可以让过渡效果立即开始，但过渡旅程会在半路结束。同样是用秒进行定义，例如.3s、2s或2.5s。

单独使用各种过渡属性创建过渡效果的语法如下：

```
.style {
    /*... (其他样式) ...*/
    transition-property: all;
    transition-duration: 1s;
    transition-timing-function: ease;
    transition-delay: 0s;
}
```

8.1.2 过渡的简写语法

我们可以把这些独自声明的属性组合成一个简写版：

```
transition: all 1s ease 0s;
```

需要注意的是，当使用简写语法的时候，第一个和时间相关的值会被应用给transition-duration，而第二个则会被应用到transition-delay上。我一般倾向使用缩写版，因为那样我只要定义过渡的时长和需要过渡的属性即可。

还有一个小问题：定义那些你真的需要过渡的属性。定义成all是十分方便的，但是如果你只需要过渡透明度，那么就把transition-property设成opacity，否则你会加重浏览器的负担。在大部分情况下，这并不是什么大问题，但如果你想提供最佳的网站性能，特别是在老式浏览器上，每一个小点都需要注意。

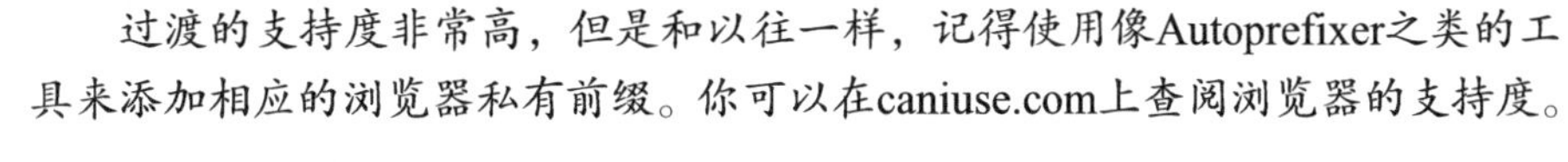
过渡的支持度非常高，但是和以往一样，记得使用像Autoprefixer之类的工具来添加相应的浏览器私有前缀。你可以在caniuse.com上查阅浏览器的支持度。

简写版：

过渡和2D变形在除IE9及更旧版本之外的浏览器上都能正常工作。除了IE9及更旧版本、Android 2.3及更旧版本，以及Safari 3.2及更旧版本外，3D变形在其余所有浏览器上都能正常使用。

8.1.3 在不同时间段内过渡不同属性

当一条规则要实现多个属性过渡时，这些属性不必步调一致。看看下面这段代码：

```
.style {
    /* ... (其他样式) ... */
    transition-property: border, color, text-shadow;
    transition-duration: 2s, 3s, 8s;
}
```

此处我们通过transition-property来指定过渡border、color和text-shadow。然后在transition-duration声明中，我们设定边框过渡效果应该2秒内完成、文字颜色3秒、文字阴影8秒。由逗号分隔的过渡持续时间按顺序对应上面的CSS属性。

8.1.4　理解过渡调速函数

声明一个过渡时，属性、持续时间和延迟都简单易懂。然而，过渡调速函数就有点让人摸不着头脑了。ease、linear、ease-in、ease-out、ease-in-out和cubic-bezier都是做什么用的呢？其实它们就是预置好的贝塞尔曲线，本质上是缓动函数。或者更简单地说，就是过渡在数学上的描述。可视化这些曲线通常更简单，所以我向你推荐http://cubic-bezier.com/和http://easings.net/。

这两个网站可以让你去对比各种调速函数，查看它们之间的区别。下面是http://easings.net/的截屏，你可以悬停在每条线上来观看相应的演示效果。

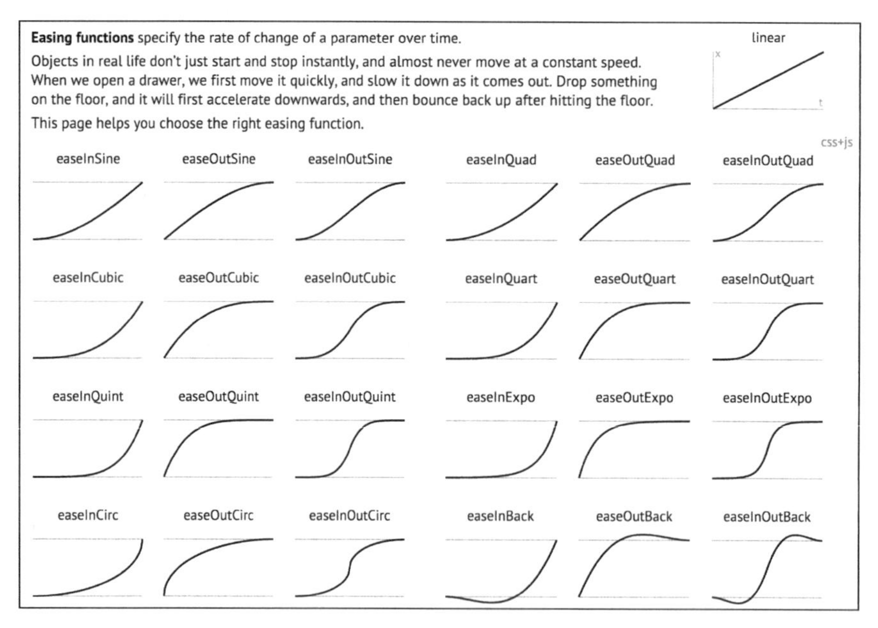

不过，就算你能闭着眼睛写出贝塞尔曲线，在实际使用中，也不会有什么太大的区别。为什么呢？和其他增强效果一样，使用过渡效果时也需要长个心眼。在现实中，如果过渡效果持续的时间过长，会让人感觉网站很慢。例如，导航链接用5秒来完成过渡，只会让你的用户骂娘而不是赞叹。感知速度对用户来说非常重要，所以我们必须让网站和应用尽可能快。

因此，除非有什么特殊理由，使用快速的（以我的经验最多1秒）默认过渡效果（ease）往往是最好的。

8.1.5 响应式网站中的有趣过渡

你小时候有没有遇到过这种情况：一天，一个家长出门了，然后另外一个家长对你说："既然爸爸/妈妈不在家，我们可以给你的早餐麦片加些糖，不过你要对他们保守秘密哦。"我对这件事可是十分内疚啊。那么现在让我们来给自己加点糖。当没有人看到的时候，我们来做点有趣的事情。我并不支持你在生产环境中这么做，但是你可以在你的响应式项目中加上这句代码：

```
* {
    transition: all 1s;
}
```

此处，我们使用CSS通配选择器*来选择页面的所有元素，然后为所有元素都设置一个耗时1秒的过渡效果。声明中省略了过渡调速函数，浏览器默认会使用ease；声明中同样省略了延迟时间，浏览器会默认使用none，所以过渡效果不会有延迟。最终效果会是怎样的呢？试着调整浏览器窗口大小，大多数效果（超链接、悬停状态等）和你所期望的一样。不过，因为所有元素都被应用了过渡，自然也就包括媒体查询中的规则，所以当浏览器窗中大小发生变化时，页面元素将从一种排列方式过渡为另一种排列方式。必须这么做吗？当然不是！但这种效果是不是既好看又好玩？没错！好吧，现在趁妈妈没注意到，把规则去掉吧。

8.2 CSS的2D变形

虽然两个英文单词发音相似，但CSS变形（transformation，包括2D变形和3D变形）和CSS过渡（transition）完全不同。可以这么理解：过渡是从一种状态平滑转换到另一种状态，而变形则定义了元素将会变成什么样子。我自己（极其幼稚）的理解是这样的：想象一下《变形金刚》里的擎天柱，他通过变形来变成一部卡车。而在机器人与卡车之间的阶段，我们称之为过渡（从一个状态过渡到另一个状态）。

如果你不知道谁是擎天柱，那么就把最后几个句子忽略吧。希望一切很快就会变得明晰。

可用的CSS3变形有两种：2D和3D。2D变形的实现更广泛，浏览器支持更好，写起来也更简单。所以我们先看看2D变形。CSS3的2D变形模块允许我们使用下列变形。

- `scale`：用来缩放元素（放大和缩小）
- `translate`：在屏幕上移动元素（上下左右）
- `rotate`：按照一定角度旋转元素（单位为度）
- `skew`：沿X和Y轴对元素进行斜切
- `matrix`：允许你以像素精度来控制变形效果

要记住，变形是在文档流外发生的。一个变形的元素不会影响它附近未变形的元素的位置。

让我们试试各种2D过渡。你可以在浏览器打开example_08-02来测试。在每个变形之间我都添加了过渡，让你更直观地了解发生了什么。

8.2.1 scale

下面是scale的语法：

```
.scale:hover {
    transform: scale(1.4);
}
```

在scale链接上悬停来观看效果：

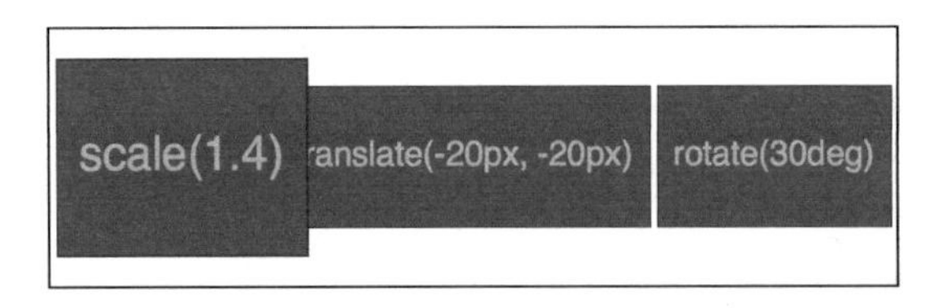

我们已经告知了浏览器，当鼠标悬停在该元素上时，我们希望元素放大到原始大小的1.4倍。

除了我们刚才使用的用来放大元素的数值，我们还可以使用小于1的数值来缩小元素。下面的代码会将元素缩小一半：

```
transform: scale(0.5);
```

8.2.2 translate

下面是translate的语法：

```
.translate:hover {
    transform: translate(-20px, -20px);
}
```

下面是我们例子中的效果展示：

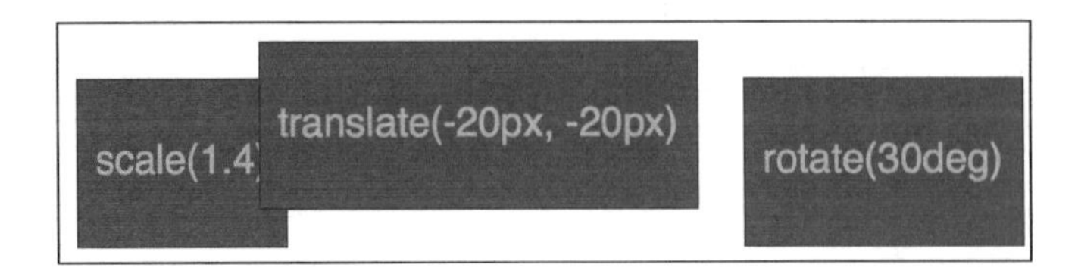

translate会告知浏览器按照一定的度量值移动元素，可以使用像素或者百分比。语法中定义的第一个值是X轴上偏移的距离，第二个是Y轴上偏移的距离。正值会让元素向右或者向下移动，负值则会让元素向左或者向上移动。

如果你只传入一个值，它会被应用到X轴上。如果你想指定一个轴进行移动，可以使用translateX或者translateY。

使用translate来居中绝对定位的元素

translate提供了十分有用的方法来在相对定位的容器中居中绝对定位元素。你可以查看example_08-03。

看下列标记：

```
<div class="outer">
    <div class="inner"></div>
</div>
```

然后是CSS代码：

```
.outer {
    position: relative;
    height: 400px;
    background-color: #f90;
}

.inner {
    position: absolute;
    height: 200px;
    width: 200px;
    margin-top: -100px;
    margin-left: -100px;
    top: 50%;
    left: 50%;
}
```

你也许也做过类似的事情。当绝对定位的元素的尺寸已知时（本例中是200像素×200像素），我们可以使用负的margin来将它拉到中间。然而不知道元素的高度时怎么办呢？变形伸出了援手。

让我们在内部容器里随机加些内容。

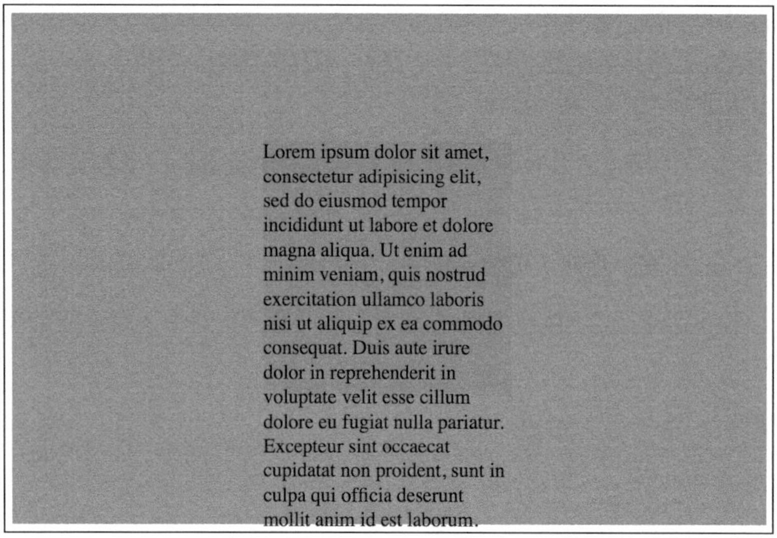

Lorem ipsum dolor sit amet, consectetur adipisicing elit, sed do eiusmod tempor incididunt ut labore et dolore magna aliqua. Ut enim ad minim veniam, quis nostrud exercitation ullamco laboris nisi ut aliquip ex ea commodo consequat. Duis aute irure dolor in reprehenderit in voluptate velit esse cillum dolore eu fugiat nulla pariatur. Excepteur sint occaecat cupidatat non proident, sunt in culpa qui officia deserunt mollit anim id est laborum.

好，现在让我们使用`transform`来解决一下问题。

```
.inner {
    position: absolute;
    width: 200px;
    background-color: #999;
    top: 50%;
    left: 50%;
    transform: translate(-50%, -50%);
}
```

下面是结果：

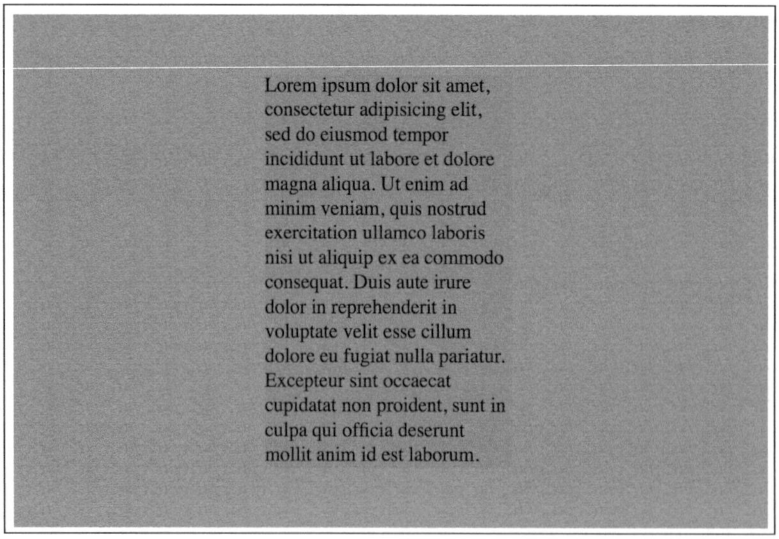

Lorem ipsum dolor sit amet, consectetur adipisicing elit, sed do eiusmod tempor incididunt ut labore et dolore magna aliqua. Ut enim ad minim veniam, quis nostrud exercitation ullamco laboris nisi ut aliquip ex ea commodo consequat. Duis aute irure dolor in reprehenderit in voluptate velit esse cillum dolore eu fugiat nulla pariatur. Excepteur sint occaecat cupidatat non proident, sunt in culpa qui officia deserunt mollit anim id est laborum.

此时，top和left的值使内部容器的左上角位于其父容器的正中间。然后transform让其在对应轴上反向移动自己宽高的一半，从而达到居中的效果。

8.2.3 rotate

rotate允许你旋转一个元素，语法如下：

```
.rotate:hover {
    transform: rotate(30deg);
}
```

在浏览器上结果如下：

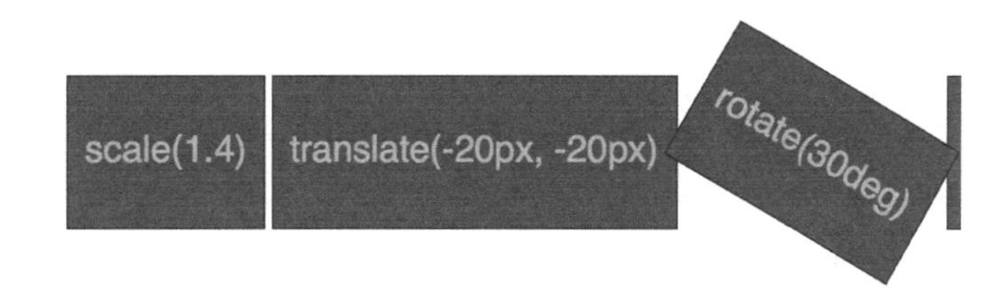

括号中的值只能以度为单位（如90deg）。正值时会进行顺时针旋转，而负值则会逆时针旋转。当然，你也可以让元素这么转：

```
transform: rotate(3600deg);
```

这会让元素旋转整整10圈。这个值使用的次数寥寥可数，除非你给一家风车公司设计网站，这倒有可能会派上用场。

8.2.4 skew

如果你多少有点Photoshop经验，就会知道skew（斜切）是怎么回事，它会让元素在一个或者两个轴上变形偏斜。下面是本例中的代码：

```
.skew:hover {
    transform: skew(40deg, 12deg);
}
```

在悬停状态的导航链接上应用该规则，产生的效果如下：

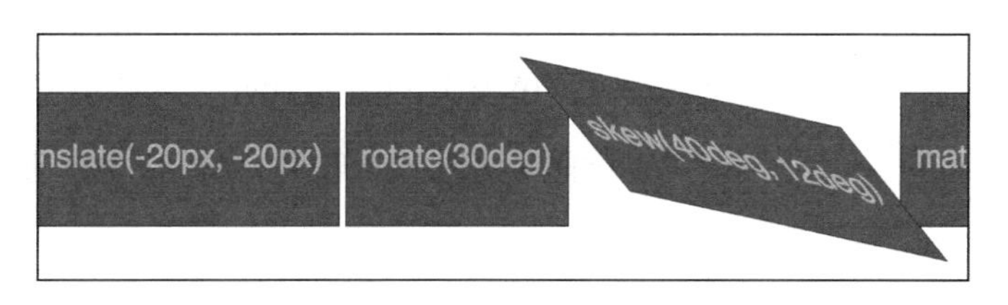

8

第一个值是X轴上的斜切（本例中是40度），第二个值是Y轴上的斜切（本例中是12度）。忽略第二个值意味着仅有的值只会应用在X轴上（水平方向）。例如：

```
transform: skew(10deg);
```

8.2.5 matrix

好了，现在该聊聊那个被严重高估的电影[1]了？什么电影？你想知道的是CSS3中的matrix而不是电影？好吧……

我不打算说谎了。我觉得matrix（矩阵）变形的语法超级复杂。下面是示例代码：

```
.matrix:hover {
    transform: matrix(1.678, -0.256, 1.522, 2.333, -51.533, -1.989);
}
```

它基本上能让你将其他变形（scale、rotate、skew等）组合成单个声明。上面的声明在浏览器产生的效果如下：

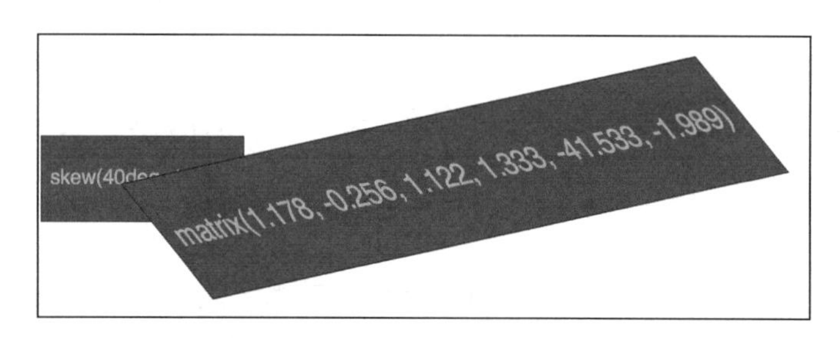

总的来说，我还是蛮喜欢挑战难题的，但是我相信你也会同意这语法太有挑战性了。对于我来说，在看了规范文档之后问题更难了，要完全理解矩阵得了解相关的数学知识：https://www.w3.org/TR/css3-2d-transforms/。

> 如果你在不使用动画库的情况下使用JavaScript完成动画，可能需要对矩阵稍微熟悉一点儿。这是变形的计算语法，如果你用JavaScript获取当前动画状态，必须要了解矩阵值。

傻瓜式的矩阵变形工具

无论怎么想象，我都不是一个数学家，所以当我需要创建矩阵变形时，我一般都走捷径。如果你的数学也不太好，我建议你访问这里：http://www.useragentman.com/matrix/。

Matrix Construction Set这个网站可以让你精确地拖放元素，然后它会自动生成完美的矩阵代

[1] Matrix即电影《黑客帝国》。——译者注

码（代码中包含了浏览器私有前缀）。

8.2.6 transform-origin属性

注意在CSS里，默认的变形原点（浏览器中作为变形中心的点）是在正中心：元素X轴的50%和Y轴的50%处。这和SVG默认的左上角（或者0 0）是不同的。

使用transform-origin，我们可以修改变形原点。

回想一下我们先前的矩阵变形。默认的transform-origin是50% 50%（元素的正中心）。Firefox的开发者工具展示了transform是如何工作的：

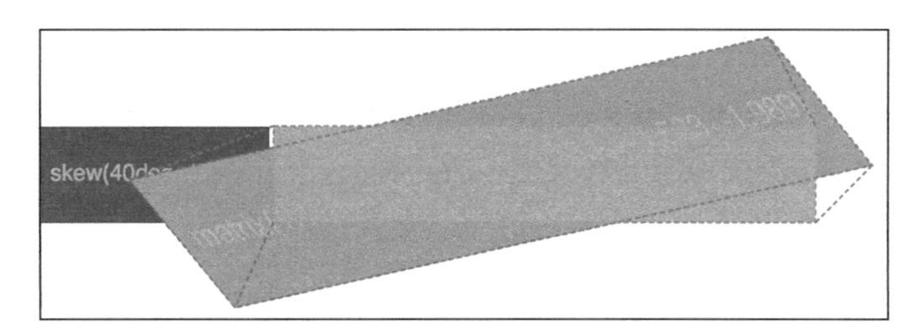

现在，我们来调整一下transform-origin：

```
.matrix:hover {
   transform: matrix(1.678, -0.256, 1.522, 2.333, -51.533, -1.989);
   transform-origin: 270px 20px;
}
```

然后你就会发现效果大概如下：

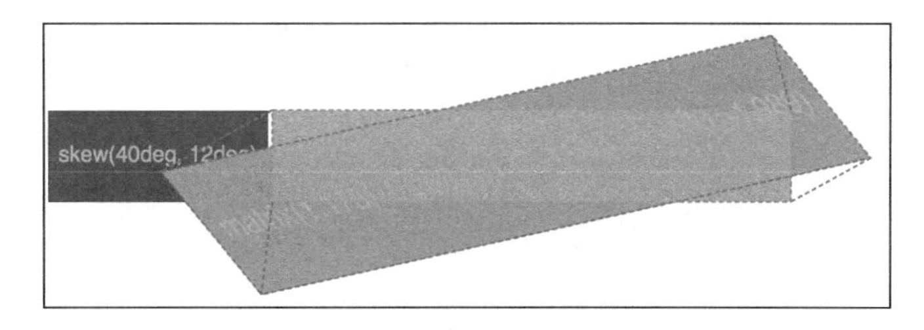

第一个值是水平方向上的偏移量，第二个值是垂直方向上的偏移量。你可以使用关键词。例如，left等于水平方向上使用0%，right等于水平方向上使用100%，top等于在垂直方向上使用0%，而bottom等于在垂直方向上使用100%。或者你可以使用其他长度，使用任意的CSS长度单位。

如果你对transform-origin使用了百分比，那么水平/垂直偏移量都是相对于元素的宽高而言的。

如果你使用长度，那么它们会相对元素左上角计算该点位置。

你可以访问https://www.w3.org/TR/css2-2d-transforms/获取更多关于`transform-origin`属性的信息。

以上讲述了2D变形的基本要素。比起3D变形，2D变形在浏览器中被广泛地支持；与绝对定位等旧方法相比，它为我们提供了一种更好的方法来在屏幕上移动元素。

CSS3的2D变形模块的完整规范文档请见：https://www.w3.org/TR/css2-2d-transforms/。

如果想更多地了解用`transform`移动元素的好处，可以阅读Paul Irish的文章（http://www.paulirish.com/2012/why-moving-elements-with-translate-is-better-than-posabs-topleft/）。

另外，如果想了解浏览器如何处理过渡和动画，以及为什么变形会如此高效，我强烈推荐你阅读以下文章：http://blogs.adobe.com/webplatform/2014/03/18/css-animations-and-transitions-performance/。

8.3　CSS3 的 3D 变形

来观看一下我们的第一个示例。当我们悬停在一个元素上时，该元素翻转。我在此处使用`hover`来触发变化，是因为它很容易展现出来。但是这个翻转动作也可以通过类的改变（由JavaScript触发的）或者一个元素被聚焦等方式触发。

我们有两个元素：一个水平翻转元素和一个垂直翻转元素。你可以观看example_08-04查看最终效果。图片并不能充分展示元素如何从绿色面转向红色面，也不能展示出它们是如何产生3D效果的，但还是希望下面这幅截屏能让你对其有所了解。

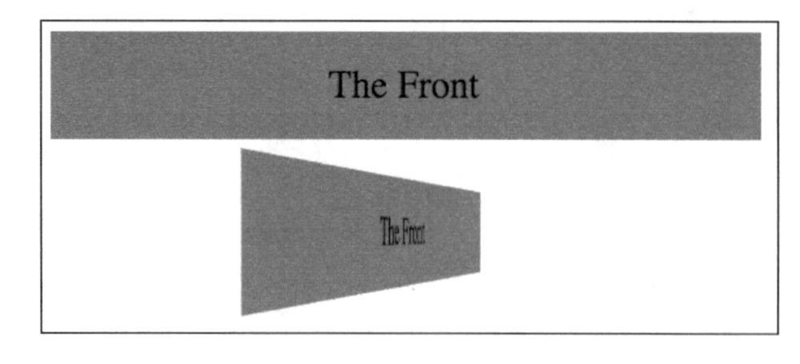

有一个小技巧，在某些浏览器中，绝对定位只能逐像素操作，而变形可以实现比一像素更精确的定位。

下面是翻转元素的相关代码：

```
<div class="flipper">
    <span class="flipper-object flipper-vertical">
        <span class="panel front">The Front</span>
        <span class="panel back">The Back</span>
    </span>
</div>
```

水平翻转元素和垂直翻转元素的唯一区别就是用flipper-horizontal类替代了flipper-vertical类。

由于大部分样式涉及美学部分，因此我们这里只看那些生成翻转效果所必不可少的部分。如果想了解详细的样式，可以查看示例中的样式表。

首先，我们要为.flipper-object的父元素设置透视。我们使用perspective属性来实现。这个属性设置了用户视点到3D场景的距离。

如果你设置了一个比较小的值，如20px，那么3D空间会延伸到距离屏幕只有20px处，这会导致一个非常明显的3D效果。如果设置一个比较大的值，那就意味着3D空间离屏幕很远，3D效果会没有那么明显。

```
.flipper {
    perspective: 400px;
    position: relative;
}
```

我们将父元素设置为相对定位，从而创造一个上下文来放置flipper-object。

```
.flipper-object {
    position: absolute;
    transition: transform 1s;
    transform-style: preserve-3d;
}
```

除了将.flipper-object元素用绝对定位的方式定位在父元素的左上角（绝对定位元素的默认位置）外，我们还为变形添加了过渡效果。而创建3D效果的关键点是transform-style:preserve-3d。这告诉浏览器，当我们要为这个元素创造变形效果时，它的子元素也保持3D效果。

如果我们不在.flipper-object上设置preserve-3d，就永远都看不到翻转元素的背面（红色部分）。你可以在https://www.w3.org/TR/2009/WD-css3-3d-transforms-20090320/上阅读相关规范。

翻转元素中的每个面板都会被定位到容器的顶部。但是我们不想在翻转的时候看到元素的“屁股”（否则我们将永远看不到绿色面板，因为它在红色面板的“后面”）。要防止这种情况出现，我们需要使用backface-visibility属性。我们把它设置为hidden来隐藏元素的背面：

```
.panel {
    top: 0;
    position: absolute;
    backface-visibility: hidden;
}
```

我发现backface-visibility在某些浏览器上会有些令人惊讶的副作用。它对于提高旧式安卓设备上的fixed定位元素的性能十分有帮助。你可以阅读https://benfrain.com/easy-css-fix-fixed-positioning-android-2-2-2-3/和https://benfrain.com/improving-css-performance-fixed-position-elements/来了解更多。

接下来，我们想让我们的背面面板默认就是翻转的（所以当我们翻转整个元素的时候，它能够出现在正确的位置）。为了达到这个效果，我们使用rotate变形：

```
.flipper-vertical .back {
    transform: rotateX(180deg);
}

.flipper-horizontal .back {
    transform: rotateY(180deg);
}
```

现在万事俱备，我们希望当我们悬停在外部元素的时候，整个内部元素都会有翻转的效果：

```
.flipper:hover .flipper-vertical {
    transform: rotateX(180deg);
}

.flipper:hover .flipper-horizontal {
    transform: rotateY(180deg);
}
```

你马上会想到许多使用它的场景。如果你好奇怎么用它来实现一个新奇的导航效果，又或者想实现一个屏外菜单，我推荐你访问：http://tympanus.net/Development/PerspectivePageView-Navigation/index.html。

想了解最新的CSS Transforms Module Level 1规范，可以访问https://drafts.csswg.org/css-transforms/。

transform3d 属性

除了使用perspective外，我还发现了transform3d这个有用的属性。在这个简单的属性里，你可以在X轴（左/右）、Y轴（上/下）、Z轴（前/后）上移动元素。让我们在上一个例子中加入transform3d变形。你可以在example_08-06上观看效果。

除了为元素增加了一点padding外，下面是与上例代码中的唯一区别：

```
.flipper:hover .flipper-vertical {
    transform: rotateX(180deg) translate3d(0, 0, -120px);
    animation: pulse 1s 1s infinite alternate both;
}

.flipper:hover .flipper-horizontal {
    transform: rotateY(180deg) translate3d(0, 0, 120px);
    animation: pulse 1s 1s infinite alternate both;
}
```

我们依旧使用变形，但这一次，除了rotate外，我们还增加了translate3d。translate3d中逗号分隔的三个参数分别是X轴上的偏移、Y轴上的偏移、Z轴上的偏移。

在这两个例子中，我并没有在X轴（左右）和Y轴（上下）上改变元素的位置，我改变的是元素到你的视点的距离。

在顶部的例子中你会发现按钮翻转到背面，并且离屏幕近了120像素（负值将元素拉向了你）。

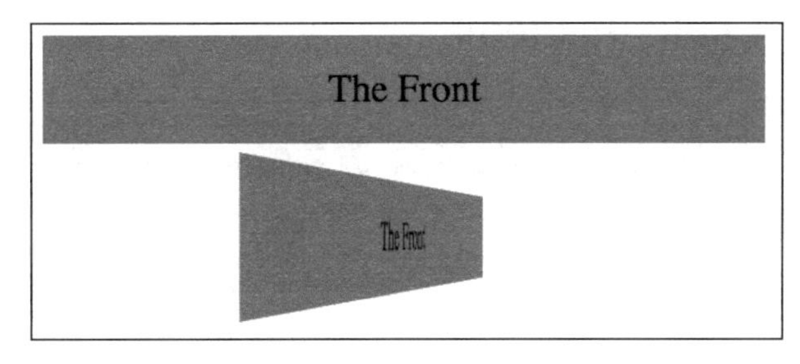

而另一个元素则在水平旋转后离原来的位置远了120像素。

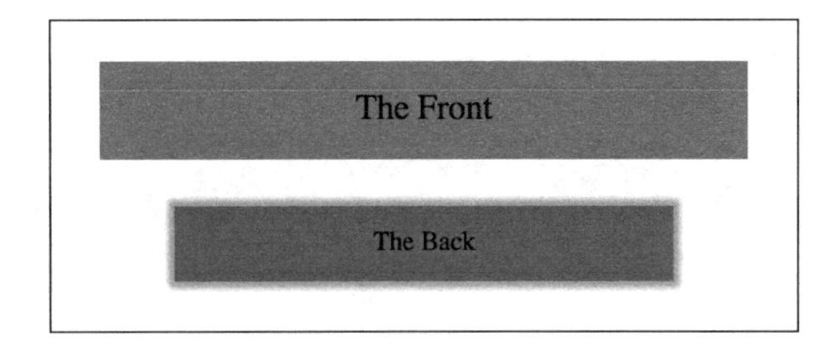

想了解关于translate3d的规范，你可以访问https://www.w3.org/TR/css3-3d-transforms/。

使用变形实现渐进增强

我发现`transform3d`的最大用处在于将面板移入移出屏幕，尤其是如"离屏"导航模式。如果你打开example_08-07，会看到我编写了一个基本的、渐进增强的离屏导航模式。

当你需要使用JavaScript和现代CSS功能（如变形）来制造交互效果的时候，尽可能考虑一下低级设备的支持性问题。如果那些用户不支持JavaScript呢？如果JavaScript在加载或者执行的时候遇到了问题呢？又或者某些人的设备不支持`transform`（例如Opera Mini）？不要担心，只要做一点点努力，就有可能保证我们的界面最终能够应付所有的不测。

在制作这种交互模式的时候，我发现最有用的办法是从最低级的功能开始，逐步增强。所以，首先为不能使用JavaScript的情况进行搭建。毕竟这种状况下，如果你的菜单展示需要依赖JavaScript，将菜单放置在屏幕外会导致用户不能使用你的菜单。于是我们将菜单标签直接放在文档流中的导航区域里。这样，在最坏的情况下，用户也可以滚动到页脚，点击他们想要切换的标签。

如果JavaScript是可用的，在小屏幕下，我们会把菜单"拉"到左侧。当菜单按钮被点击的时候，我们会在`body`标签上添加一个类（通过JavaScript），然后把这个类作为钩子，从而驱动CSS将这个导航区域展示出来。

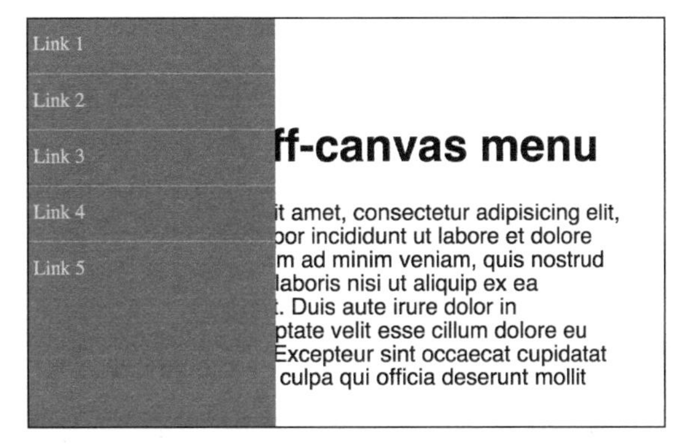

在大屏幕下，我们收起菜单按钮，将导航区放置在左侧，并且调整主内容区域从而适应它。

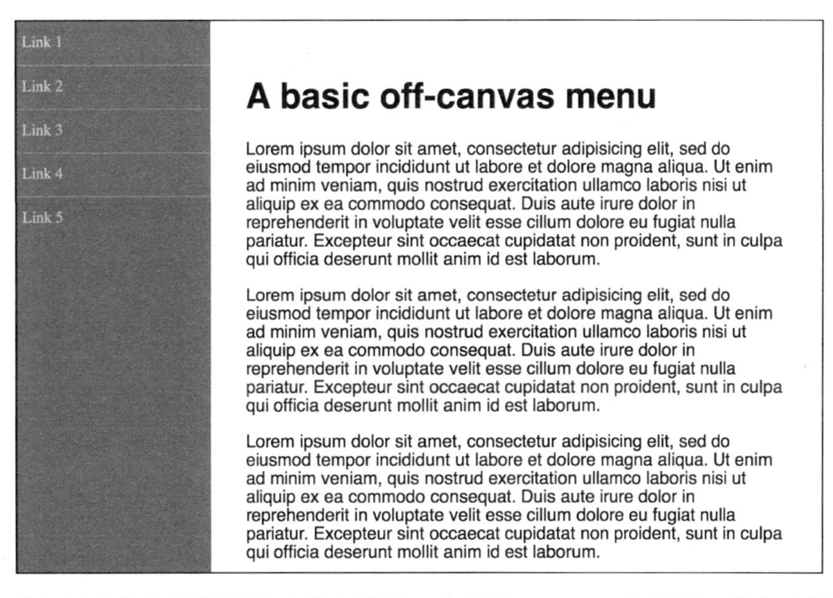

然后，我们逐步优化导航的展示/收起效果。这就是Modernizr之类的工具实至名归的地方；在HTML上添加一个类用作样式钩子（在第5章我们对Modernizr做过详细的介绍）。

首先，对于那些只支持`translate`变形的浏览器（例如老式的安卓浏览器），使用简单的`translateX`：

```
.js .csstransforms .navigation-menu {
    left: auto;
    transform: translateX(-200px);
}
```

而对于支持`translate3d`的浏览器，我们则使用`translate3d`代替。一旦支持，这种方法的性能表现会更好，这得益于大多数设备上的图像处理器。

```
.js .csstransforms3d .navigation-menu {
    left: auto;
    transform: translate3d(-200px, 0, 0);
}
```

使用渐进增强的开发方式可以确保尽可能多的用户享受到可用的设计效果。记住，你的用户可能不需要优秀的视觉体验，但是要确保应用的可用性。

8.4　CSS3 动画效果

如果你使用过Flash、Final Cut Pro或者After Effects之类的软件，那么CSS3动画你也能迅速上手。CSS3中沿用了基于时间线的应用程序中广泛使用的动画关键帧技术。

相较于3D变形，CSS3动画的支持度更高。Firefox 5+、Chrome、Safari 4+、Android（所有版本）、iOS（所有版本）和IE10+都支持。CSS3动画由两部分组成：首先是关键帧声明，然后是在动画属性中使用该关键帧声明。下面让我们来看一看。

在上一个例子中，我们利用变形和过渡制作了简单的翻转效果。接下来，我们将利用本章学到的所有知识为其加上动画效果。在下一个示例，即example_08-05中，我们将在元素翻转后为其添加脉冲动画效果。

首先，我们创建一个关键帧规则：

```
@keyframes pulse {
  100% {
    text-shadow: 0 0 5px #bbb;
    box-shadow: 0 0 3px 4px #bbb;
  }
}
```

如你所见，在@keyframe关键词后我们定义了一个新的关键帧规则，并且给这个动画命了名［在这个例子中是pulse（脉冲）］。

一般情况下，最好使用一个能代表动画效果的名字，因为一个关键帧声明可以在项目中多处复用。

我们在这里只定义了一个简单的关键帧选择器：100%。然而，你也可以设置多个关键帧选择器（用百分比定义）。你可以把它们想象成时间轴上的点。例如，10%的时候背景变成蓝色，30%的时候背景变成紫色，60%时让元素变得半透明，等等。如果你需要的话，还有等价于0%和100%的关键词。你可以这样使用：

```
@keyframes pulse {
  to {
    text-shadow: 0 0 5px #bbb;
    box-shadow: 0 0 3px 4px #bbb;
```

```
    }
}
```

然而要提醒一下，WebKit内核的浏览器（iOS，Safari）对`from`和`to`的支持不是十分好（更喜欢`0%`和`100%`），所以我推荐你使用百分比关键帧选择器。

你会注意到我们并没有费心去定义起点。这是因为起点就是这个属性所在的状态。你可以通过https://www.w3.org/TR/css3-animations/了解规范。

如果`0%`或者`from`关键帧没有被指定，那么用户代理会利用被添加动画的属性，计算出相关的值来构建`0%`关键帧。同样，如果`100%`或者`to`关键帧未被定义，用户代理也会计算出相应的关键帧。如果定义了负值或者大于100%的关键帧，它会被忽略。

在这个关键帧声明中，我们在100%处添加了文字阴影与盒阴影。我们可以预期到，这个动画被使用后，元素会动态添加相应的文字阴影和盒阴影。但是这个动画会持续多久呢？我们怎么定义它重复播放、翻转播放或者其他我希望的播放方式？下面是我们使用关键帧动画的方法：

```
.flipper:hover .flipper-horizontal {
    transform: rotateY(180deg);
    animation: pulse 1s 1s infinite alternate both;
}
```

此时的`animation`属性使用了缩写语法。在本例中，我们实际定义了（依照定义顺序）使用的关键帧规则的名字（`pulse`）、动画持续时长（`1s`）、动画开始延迟（`1s`，给予按钮足够的时长用于翻转）、动画运行的次数（`infinite`，无限次）、动画播放方向（`alternate`，交替，所以动画轮流往复地播放），最后我们想让`animation-fill-mode`保留动画中无论是顺序播放还是倒序播放后的值（`both`）。

缩写属性实际上可以接受全部七个动画属性。除了前面说的，还可以指定`animation-play-state`。这个属性可以被设置为`running`和`paused`来运行或者暂停动画。当然，你可以不采用缩写模式；有的时候分别设置属性会更易懂（帮助你在日后重温代码）。下面是各个属性的正确写法，可选的值已用|分隔表示。

```
.animation-properties {
    animation-name: warning;
    animation-duration: 1.5s;
    animation-timing-function: ease-in-out;
    animation-iteration-count: infinite;
    animation-play-state: running | paused;
    animation-delay: 0s;
    animation-fill-mode: none | forwards | backwards | both;
    animation-direction: normal | reverse | alternate | alternatereverse;
}
```

如果你想了解每个动画属性的完整定义，可以访问https://www.w3.org/TR/css3-animations/。

正如前面提到的一样，你可以在其他元素上复用已经声明的关键帧规则，并且可以使用完全不同的设置：

```
.flipper:hover .flipper-vertical {
    transform: rotateX(180deg);
    animation: pulse 2s 1s cubic-bezier(0.68, -0.55, 0.265, 1.55) 5
alternate both;
}
```

上例将在2秒内运行pulse动画效果，并且使用了ease-in-out-back调速函数（使用贝塞尔曲线定义的）。它会按照顺序逆序各播放五次。在示例中，我们在垂直翻转的元素上使用了这个动画效果。

这只是一个简单的CSS动画的例子。但是基本任何动画都可以用关键帧实现，因此这个可能性是无限的。有兴趣的话，可以阅读CSS3动画的最新发展：http://dev.w3.org/csswg/css3-animations/。

animation-fill-mode 属性

animation-fill-mode属性值得一提。想象一下，一个动画花了三秒钟从黄色背景变化为红色背景。你可以观看example_08-08。

我们使用了下面的动画设置：

```
.background-change {
  animation: fillBg 3s;
  height: 200px;
  width: 400px;
  border: 1px solid #ccc;
}

@keyframes fillBg {
  0% {
    background-color: yellow;
  }
  100% {
    background-color: red;
  }
}
```

然而，一旦动画结束，div的背景会变成透明。这是因为默认原则是动画内外互不干涉。我们可以使用animation-fill-mode覆盖这种行为。在本例中，我们使用了：

```
animation-fill-mode: forwards;
```

这指使元素保留动画结束时的值。在本例中，div的背景会在动画结束后保持为红色。如果想了解更多关于animation-fill-mode属性的资料，可以访问https://www.w3.org/TR/css3-animations/#animation-fill-mode-property。

8.5 小结

有关CSS变形、过渡和动画的内容，足足可以写好几本书。但是我希望通过本章蜻蜓点水般的学习，你能了解它们的基本知识并利用起来。其实，我们采用CSS3新特性和技巧的最终目的，是想使用CSS来替代JavaScript制作一些优雅精美的增强效果，让响应式设计更加简洁和丰富。

本章我们学习了什么是CSS3过渡，以及如何编写相应的代码。了解了ease、linear等调速函数，并且使用它们制作了简单有趣的效果。还学习了缩放、斜切等2D变形，以及如何将它们与过渡组合使用。此外，还简单了解了3D变形，然后学习了CSS动画的强大功能与简洁语法。你要相信自己的CSS3功力正在不断增长。

但是，如果网站设计中有一个领域是我尽可能避免谈及的，那肯定就是表单。我不知道为什么，只是一直觉得制作表单是件单调乏味的事。当我知道HTML5和CSS3可以让表单的制作、美化甚至验证（没错，就是验证！）过程都比以往简单的时候，简直把我给乐坏了。我高兴得手舞足蹈，相信到时候你也会跟我一样。下一章我们就来学习HTML5表单。

第 9 章

表单

在HTML5到来之前，添加日期选择器、占位符文本和范围滑块等到表单中，总是需要依靠JavaScript。同样，我们没有简单的方式来告诉用户我们期望的输入值，如电话号码、邮件地址或者URL等。好消息是，HTML5基本上解决了这些问题。

本章有两个主要目标。第一，理解HTML5中的表单特性；第二，学会如何使用最新的CSS功能在多个设备上简单布置我们的表单。

本章内容：

- 在表单输入框中轻松插入占位符文本
- 在必要时禁用表单域中的自动补全功能
- 设置必填项
- 指定不同的输入类型，如电子邮件、电话号码或URL
- 制作数字输入滑动条以便于选择数值
- 使用日期和颜色选择器
- 学习如何使用正则表达式定义表单值验证规则
- 使用Flexbox定义表单样式

9.1 HTML5 表单

我想，了解HTML5表单最简单的方法就是通过例子去了解。那就让我们从我之前做的最佳日间电视节目的例子开始吧。这里需要简单介绍一下。

首先，我很喜欢电影。其次，对于什么是好电影什么是烂片，我固执己见。

每年，当公布奥斯卡奖提名名单的时候，我都不禁感慨又有烂片得到奥斯卡的垂青。因此，我们建立一个HTML5表单来让影迷发泄对奥斯卡提名的不满。

这个表单是由几个`fieldset`元素组成的。在其中我们可以插入一堆HTML5表单输入类型和属性。除了标准的表单输入框和文本输入域之外，表单中还有一个数字控制器、一个范围滑块和许多占位符文本。

下面就是这个表单在Chrome中没有设置样式时的效果：

Oscar Redemption

Here's your chance to set the record straight: tell us what year the wrong film got nominated, and which film should have received a nod...

About the offending film (part 1 of 3)
The film in question? e.g. King Kong
Year Of Crime 1929
Award Won
Tell us why that's wrong? I fell asleep within 20 minutes...
How you rate it (1 is woeful, 10 is awesome-sauce) 7

What should have won? (part 2 of 3)
The film that should have won? e.g. Cable Guy
Tell us why it should have won? Hello? CAABBLLLLE GUUUY!!!!!
How you rate it (1 is woeful, 10 is awesomesauce) 5

About you? (part 3 of 3)
Your Name Dwight Schultz
Your favorite color
Date/Time dd/mm/yyyy
Telephone (so we can berate you if you're wrong) 1-234-546758
Your Email address dwight.schultz@gmail.c
Your Web address www.mysite.com

Submit Redemption

如果我们“聚焦”到第一个输入框并且开始输入文本，占位符文本就会被移除。如果失焦，并且没有输入内容（点击一下输入框以外的的区域即可），占位符文本会再次显示。如果我们提交表单（没有输入内容），就会看到下面的结果：

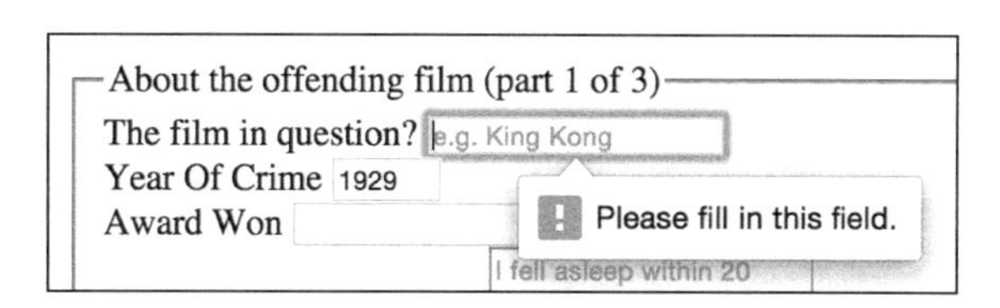

好消息是这些用户界面元素，包括前面提到的滑块、占位符文本、控制器、输入校验等，都是使用原生的HTML5完成的，不需要再依赖JavaScript。现在表单验证并不被所有浏览器厂商兼容，但是兼容指日可待。首先，让我们尝试一下上面这些HTML5新技能。在掌握了这些方法后，我们再学习相关样式的使用。

9.2 理解HTML5表单中的元素

我们的HTML5表单中含有很多元素，所以我们拆开来讲。表单中的三块子区域都是用带有

legend标签的fieldset标签包裹的：

```
<fieldset>
<legend>About the offending film (part 1 of 3)</legend>
<div>
  <label for="film">The film in question?</label>
  <input id="film" name="film" type="text" placeholder="e.g. King
Kong" required>
</div>
```

从上面的代码片段中可以看到，每一个输入元素都有一个对应的label元素，然后一并被包裹在div元素中（我们也可以把用label把input包裹起来）。到目前为止，一切正常。不过，在第一个输入框中，我们就遇到了第一个HTML5表单特性。在id、name和type这些普通的属性后面，我们看到了placeholder属性。

9.2.1 placeholder

placeholder属性看起来是这样的：

```
placeholder="e.g. King Kong"
```

因为在表单域中对占位符文本的需求实在太普遍了，所以HTML5的设计者决定让其成为HTML的一个标准特性。只需在input元素上加入placeholder属性，其属性值就会默认显示为占位符文本，输入框获取焦点时该文本会自动消失。当其失焦且没有文本被输入时，占位符文本会重新出现。

为占位符文本添加样式

你可以使用:placeholder-shown伪类选择器来为placeholder属性添加样式。要知道这个选择器经过多次迭代，所以你要确保你拥有前缀添加工具来兼容各种版本。

```
input:placeholder-shown {
  color: #333;
}
```

接下来是另一个HTML5表单特性required属性。

9.2.2 required

required属性看起来是这样的：

```
required
```

在支持HTML5的浏览器中，在input元素中添加布尔类型（意味着你可以添加该属性，也可以不添加）属性required，可表明该项为必填项。如果表单提交的时候，该必填项没有任何信息，浏览器会给出警示信息。警告信息的显示方式（包括内容和样式）取决于浏览器和输入框类型。

我们之前已经看过Chrome中的必填项警告信息。下面的截图则展示了Firefox中的效果：

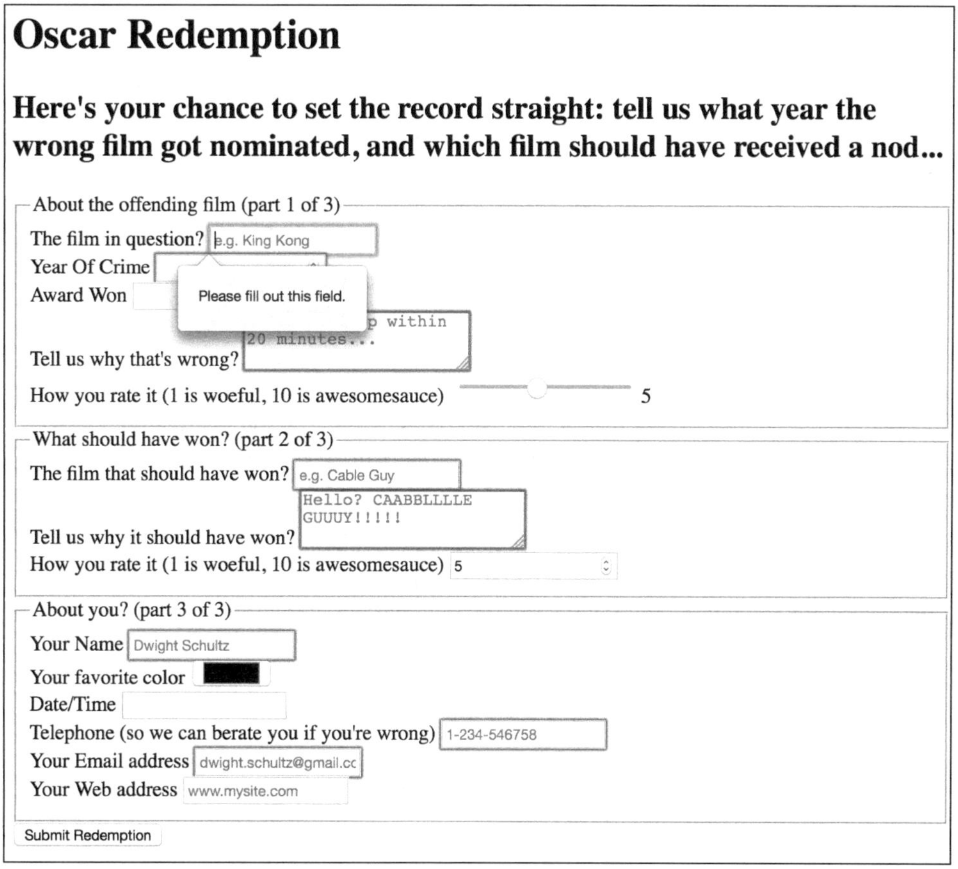

`required`属性可用于多种类型的输入元素来确保表单域中必须输入值。要注意的是，`range`、`color`、`button`和`hidden`类型的输入元素不能使用`required`，因为这几种输入类型几乎都有默认值。

9.2.3　autofocus

HTML5的`autofocus`属性可以让表单在加载完成时即有一个表单域被默认选中，以方便用户输入。下面代码中被`div`包裹的`input`标签就拥有一个`autofocus`属性：

```
<div>
  <label for="search">Search the site...</label>
```

```
  <input id="search" name="search" type="search" placeholder="Wyatt
Earp" autofocus>
</div>
```

使用该属性时要小心。如果多个表单域都添加了autofocus属性，在不同的浏览器上表现是不一致的。例如，在Safari上，最后一个添加autofocus的表单域会被选中，而在Firefox和Chrome上的表现则恰恰相反，它们会选中第一个添加autofocus属性的元素。

还有一点需要注意的是，有的用户习惯使用空格键来让网页进行下滚。如果网页中的表单中含有带有autofocus的表单域，则会阻止空格键的默认行为。此时，敲击空格键会在已聚焦的输入框中输入空格。显然，这样会让用户很懊恼。

使用autofocus属性的时候，要确保只在表单中使用一次，并且了解对那些使用空格滚动的用户的影响。

9.2.4 autocomplete

很多浏览器默认提供自动补全功能来辅助用户输入。以往用户可以在浏览器设置中打开或关闭这项功能，现在我们还能告知浏览器我们不想在某个表单或者表单域上使用自动补全功能。这不仅能保护敏感数据（如银行账户），还可以让你确保用户用心填写表单，手动输入一些值。例如，在需要填写电话号码的时候，我会输入一个假号码。我知道不止我一个人会这么做（大家不都是填假号码的嘛？），但我敢保证，如果在相关的输入项上禁用自动补全功能，用户肯定不会输入假号码。下面的代码演示了一个禁用自动补全功能的表单项：

```
<div>
  <label for="tel">Telephone (so we can berate you if you're wrong)</
label>
  <input id="tel" name="tel" type="tel" placeholder="1-234-546758"
autocomplete="off" required>
</div>
```

我们也可以给整个表单（不是fieldset）设置属性来禁用自动补全功能。示例代码如下：

```
<form id="redemption" method="post" autocomplete="off">
```

9.2.5 list 及对应的 datalist 元素

利用list属性以及对应的datalist元素，可以在用户开始在输入框中输入值的时候，显示一组备选值。下面是一个包含在div中的使用list属性及对应datalist元素的代码示例：

```
<div>
  <label for="awardWon">Award Won</label>
  <input id="awardWon" name="awardWon" type="text" list="awards">
  <datalist id="awards">
    <select>
```

```
        <option value="Best Picture"></option>
        <option value="Best Director"></option>
        <option value="Best Adapted Screenplay"></option>
        <option value="Best Original Screenplay"></option>
      </select>
    </datalist>
  </div>
```

list属性中的值（awards）同时也是datalist元素的id。这样就可以让datalist与输入框关联起来。虽然并不一定需要将option包裹在select中，但是这样做有助于为老式浏览器提供降级处理。

令人惊奇的是，直到2015年中期，datalist元素仍未被iOS、Safari和Android 4.4及以下版本的系统所原生支持（http://caniuse.com/）。

你可以在https://www.w3.org/TR/html5/forms.html上了解关于datalist的规范。

使用了list属性的输入框和普通输入框无异，当开始输入时，（在支持的浏览器中）输入框下面会显示一个数据选择框，其中包括从datalist中检测到的匹配的数据。在下面的截图中，我们可以看到相应的效果（基于Firefox）。在本例中，因为datalist中的所有option都包含B，所以所有数据都显示出来了。

但是当输入D时，就只有匹配的数据才被显示出来，效果如下图所示：

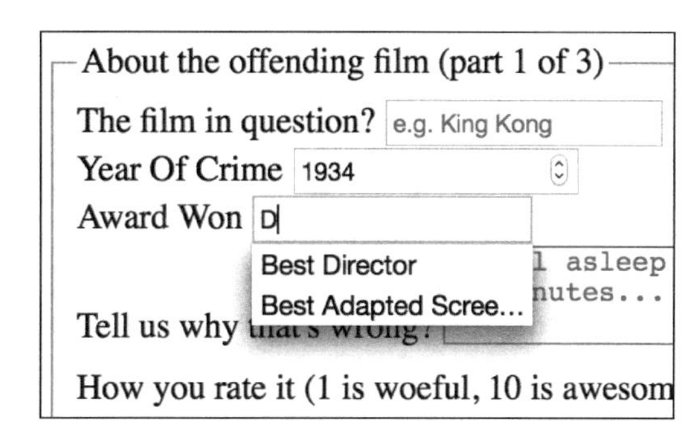

list和datalist属性并不会阻止用户输入自己想输入的内容，不过它们确实提供了一种便利的方式来仅利用HTML5标记添加输入提示功能，增强用户体验。

9.3 HTML5 的新输入类型

HTML5新增了很多输入类型，其中一个作用就是可以在不引入JavaScript代码的情况下限制用户输入的数据。而最棒的是，在那些不支持新特性的浏览器中，它们会默认降级显示为一个标准的文本输入框。此外，还有很多有用的腻子脚本可以让老式浏览器跟上时代。我们稍后会提到这些内容，现在先来看看这些新的HTML5输入类型以及它们所带来的便利。

9.3.1 email

你可以将输入设置为email类型，像下面这样：

```
type="email"
```

支持email的浏览器会期望用户的输入符合电子邮箱地址的语法。在下面的示例代码中，我们将type="email"与required和placeholder组合起来使用：

```
<div>
  <label for="email">Your Email address</label>
  <input id="email" name="email" type="email" placeholder="dwight.
schultz@gmail.com" required>
</div>
```

当与required组合使用时，如果提交一个不符合格式的地址，浏览器会生成警告信息。

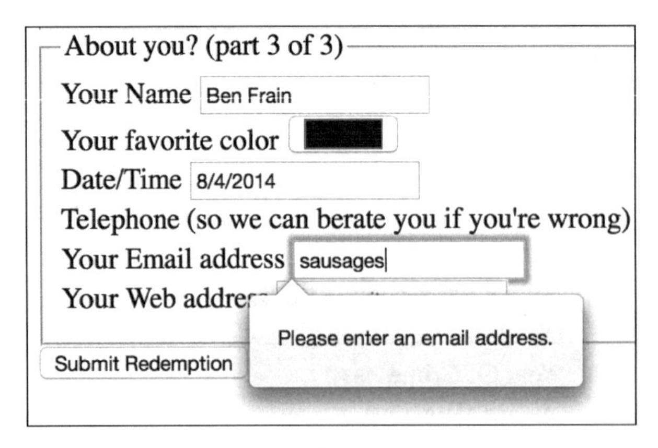

此外，许多触摸屏设备（如安卓、iPhone等）会根据输入类型改变键盘模式。下图显示了type="email"的输入框在iPad上的使用效果。注意键盘上方便输入邮件地址的@符号。

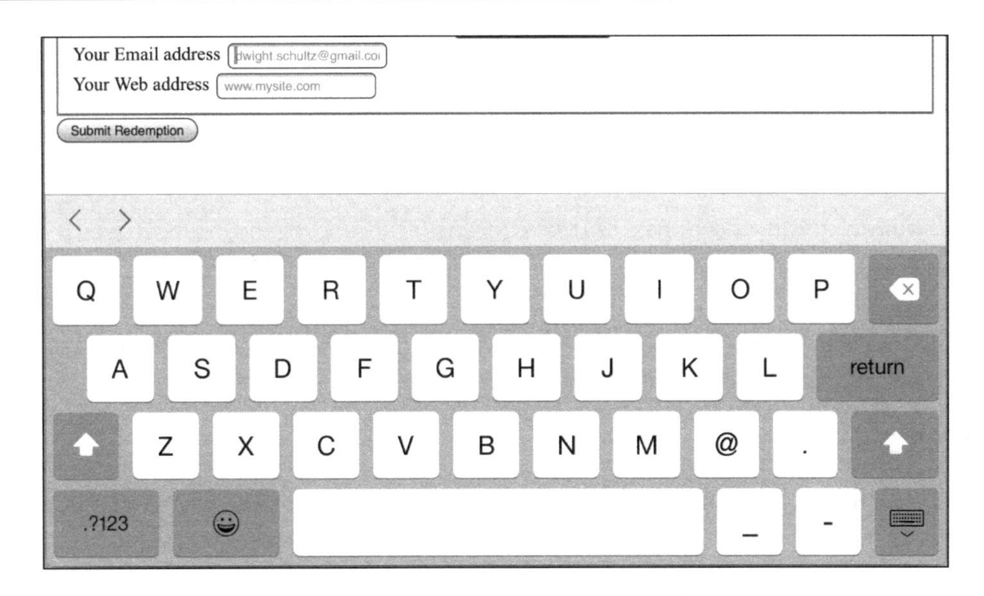

9.3.2 number

你可以将输入设置为`number`类型，像下面这样：

```
type="number"
```

支持该特性的浏览器期望输入一个数字。这些浏览器还提供了控制按钮（spinner controls），允许用户简单地点击向上和向下来改变数值，代码示例如下：

```
<div>
  <label for="yearOfCrime">Year Of Crime</label>
  <input id="yearOfCrime" name="yearOfCrime" type="number"
min="1929"  max="2015" required>
</div>
```

下图展示了该输入框在支持该特性的浏览器（Chrome）中的效果：

About the offending film (part 1 of 3)
The film in question? e.g. King Kong
Year Of Crime
Award Won
Tell us why that's wrong? I fell asleep within 20 minutes...
How you rate it (1 is woeful, 10 is awesomesauce)

如果你输入的不是数字，浏览器会怎么做呢？例如，Chrome和Firefox会在表单提交的时候在表单域上弹出一个警告框。而Safari则相反，它什么都不会做，并且让其顺利提交。IE11则会在输入框失焦的时候快速清除其中的内容。

1. 最大和最小范围

你会注意到，在之前的代码示例中，我们设置了最大和最小范围，类似如下：

```
type="number" min="1929" max="2015"
```

范围之外的数值会得到特别处理。

对于浏览器间的不同处理方式，你应该不会感到诧异了。例如，IE11、Chrome和Firefox都会弹出一个警告框，而Safari则什么都不会做。

2. 改变步长

你可以使用`step`属性来改变输入框的控制按钮的改变步长。例如，如果你想每次点击改变10，可以这么写：

```
<input type="number" step="10">
```

9.3.3 url

你可以将输入设置为`url`类型，像下面这样：

```
type="url"
```

如你所料，`url`输入类型是用于输入URL地址的。与`tel`和`email`输入类型相似，它看起来和标准的文本输入框几乎一样。不过，有些浏览器会在提交不合法的URL时显示特定的警告信息。对应的代码示例如下，其中包含了`placeholder`属性。

```
<div>
  <label for="web">Your Web address</label>
  <input id="web" name="web" type="url" placeholder="www.mysite.com">
</div>
```

下面的截图显示了在Chrome中提交一个不合法URL地址时的效果：

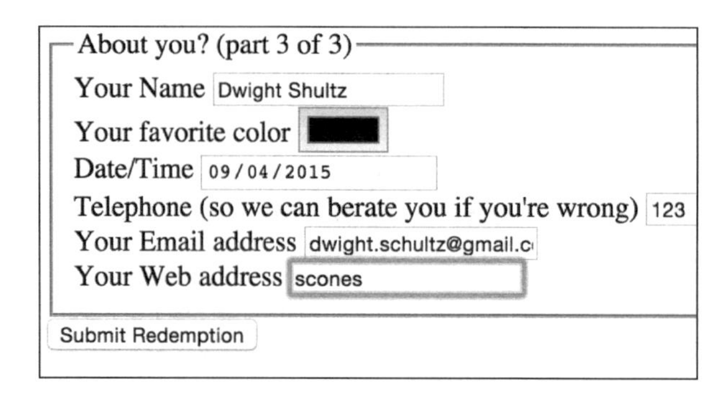

和`type="email"`类型一样，触摸屏设备也会为URL输入框修改键盘模式。下图显示了iPad上`type="url"`的使用效果：

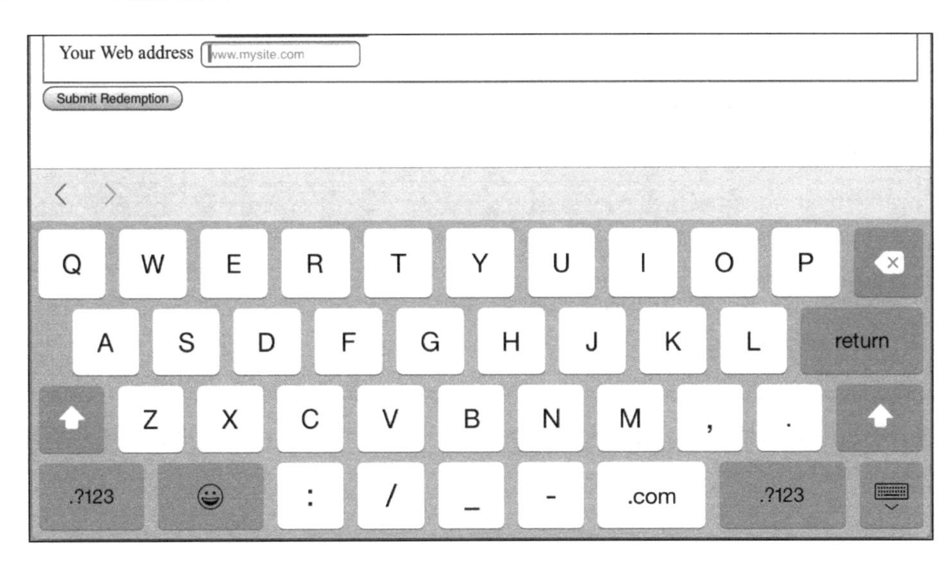

注意到键盘上的.com按键了吗？因为我们使用了URL输入类型，所以设备为我们优化了键盘，以便于输入URL（在iOS上，如果你不准备前往.com网站，可以长按来获取其他顶级域名）。

9.3.4 tel

设置一个输入框期望用户输入一个电话号码，像下面这样：

```
type="tel"
```

下面是一个更完整的例子：

```
<div>
  <label for="tel">Telephone (so we can berate you if you're wrong)</
label>
  <input id="tel" name="tel" type="tel" placeholder="1-234-546758"
autocomplete="off" required>
</div>
```

尽管在许多浏览器上，甚至是IE11、Chrome和Firefox等现代浏览器上，`tel`类型都设计为数字类型格式，但它的表现和普通文本输入框一样。当输入无效值，它们都没有在输入框失焦或表单提交时提供任何合理的警告信息。

不过比较好的一点是，跟对待`email`和`url`类型一样，触摸屏设备为这种类型贴心地提供了数字键盘以便完成输入。下图是`tel`输入类型在iPad（运行iOS 8.2）上的效果：

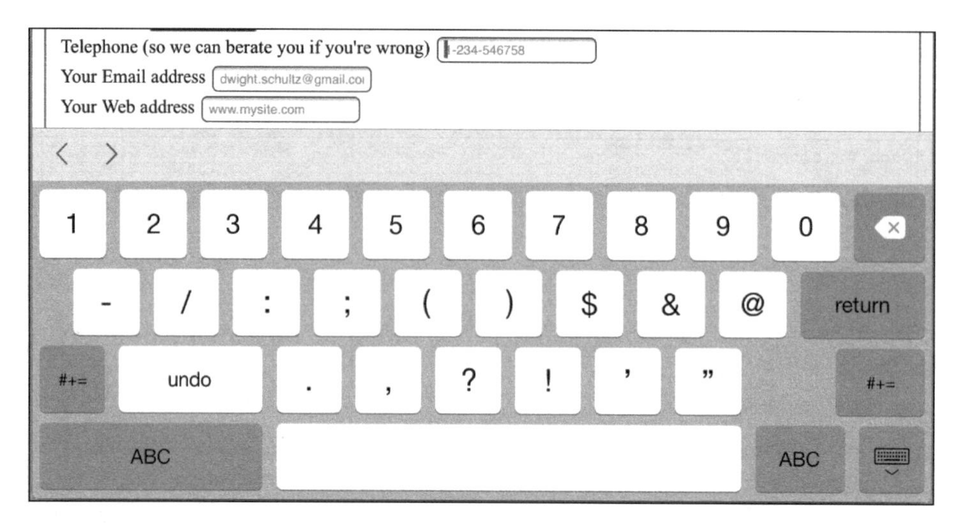

注意看键盘上是不是少了字母按键，而优先显示了数字按键？这样就可以让用户更快地输入正确的数值。

小提示

如果你不想采用Safari中的tel输入框的默认蓝色边框，可以通过以下选择器修改：

```
a[href^=tel] { color: inherit; }
```

9.3.5 search

你可以将输入设置为search类型，像下面这样：

```
type="search"
```

search输入类型和普通文本输入的表现基本一样。以下是示例代码：

```
<div>
  <label for="search">Search the site...</label>
  <input id="search" name="search" type="search" placeholder= "Wyatt
Earp">
</div>
```

然而，软件键盘（例如移动设备上的）经常会提供一个更富有针对性的键盘。以下是iOS 8.2键盘在遇到search类型输入框时的显示效果：

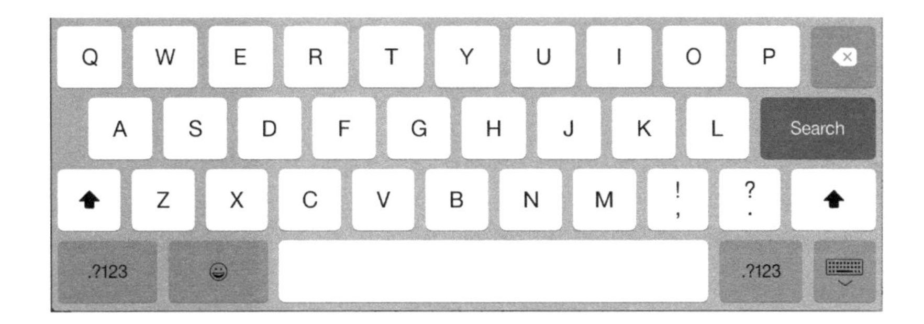

9.3.6 pattern

你可以让输入域只接受某种特定格式的输入：

```
pattern=""
```

你可以通过pattern属性来使用正则表达性定义用户输入的数据格式。

学习正则表达式

如果你从未接触过正则表达式，我推荐你访问https://en.wikipedia.org/wiki/Regular_expression。

正则表达式在许多编程语言中都被用作识别字符串的一种方法。虽然刚开始学习的时候会觉得吓人，但是一旦掌握，你就会觉得它们十分强大和灵活。例如，你可以构建正则表达式来匹配密码格式，或者选择特定格式的CSS类名。为了帮助你书写自己的正则表达式并理解它们的工作方式，我推荐你从http://www.regexr.com/这种基于浏览器的工具开始尝试。

示例代码如下：

```
<div>
  <label for="name">Your Name (first and last)</label>
  <input id="name" name="name" pattern="([a-zA-Z]{3,30}\s*)+[a-zA- Z]
{3,30}" placeholder="Dwight Schultz" required>
</div>
```

我花费了大约458秒在网上找到了一个正则表达式来验证姓名。在pattern属性上输入这个正则表达式，支持该特性的浏览器会按照指定格式验证输入值。当和required属性配合使用时，一旦输入不符合格式的值，浏览器会如下图一般给出相应的提示。在本例中我的输入缺少姓氏：

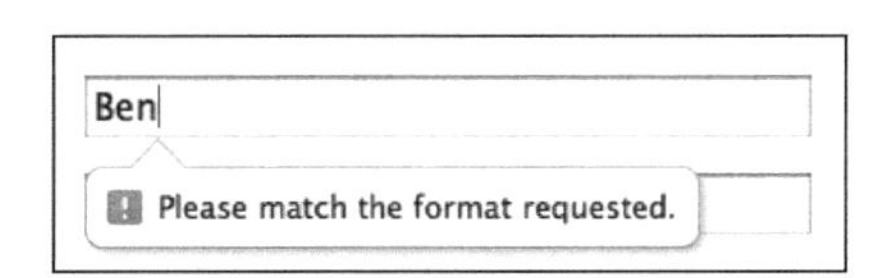

这时候又出现浏览器差异性问题了。IE11会要求字段必须正确输入，而Safari、Firefox和Chrome浏览器则什么都不做（就和标准的文字输入框一样）。

9.3.7 color

想让输入域接受颜色输入吗？你可以这么做：

```
type="color"
```

`color`输入类型会在支持的浏览器上调出颜色选择器（暂时只是Chrome和Firefox）来让用户选择颜色值（十六进制值）。示例代码如下：

```
<div>
  <label for="color">Your favorite color</label>
  <input id="color" name="color" type="color">
</div>
```

9.3.8 日期和时间输入类型

新的`date`和`time`输入类型背后的设计思想，是想为选择日期和时间提供一致的用户体验。如果你曾在网上买过演出门票，那你就可能用过某种日期选择器。这种功能一般是由JavaScript（通常是jQuery UI库）提供的，但我们希望仅仅通过HTML5就实现这种常用功能。

1. date

示例代码如下：

```
<input id="date" type="date" name="date">
```

和`color`类型一样，目前对`date`提供原生支持的浏览器寥寥无几，大多数浏览器默认将其渲染为标准的文本输入框。Chrome和Opera是唯二实现了这种功能的现代浏览器。这其实也不奇怪，因为它们两个都使用了相同的引擎内核（被称作Blink，如果你有兴趣可以了解）。

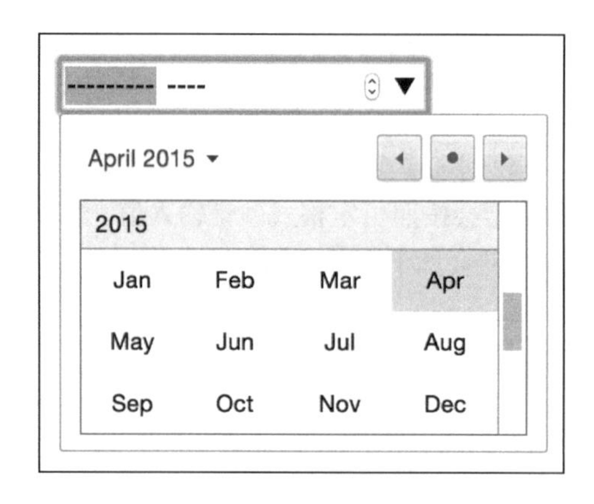

date和time输入类型有很多不同的变种。下面是对其他变种类型的简要介绍。

2. **month**

示例代码如下：

```
<input id="month" type="month" name="month">
```

选择器界面允许用户选择某个月，输入框中会被填充为年和月组成的值，如2012-06。下图展示了浏览器中的效果：

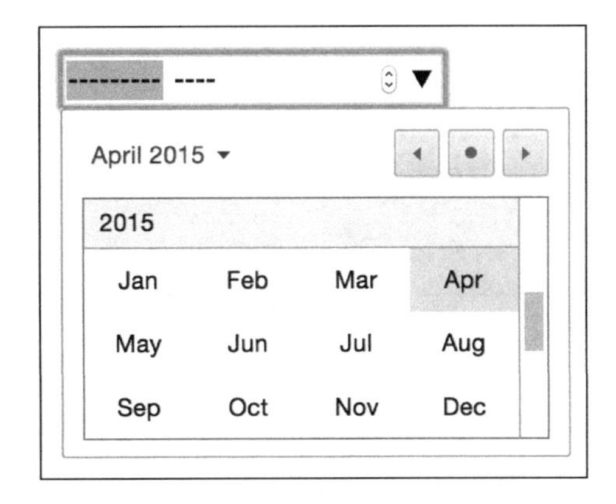

3. **week**

示例代码如下：

```
<input id="week" type="week" name="week">
```

使用week类型时，选择器允许用户选择一年中的某一周，输入框中会被填充格式如2012-W47这样的数据。

下图显示了浏览器中的效果：

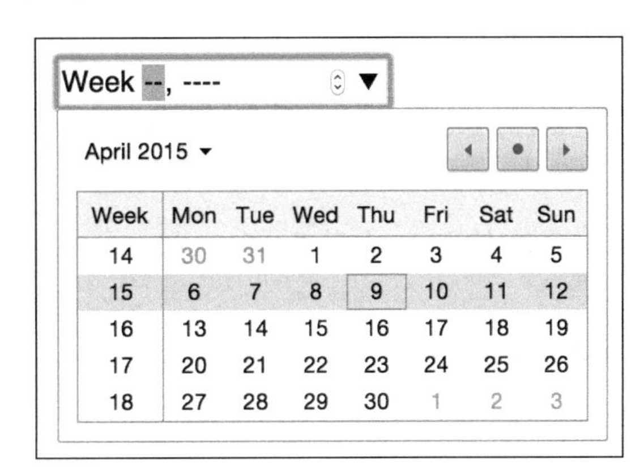

4. time

示例代码如下：

```
<input id="time" type="time" name="time">
```

time输入类型允许输入一个24小时制的时间值，如23:50。

在支持该特性的浏览器中，会显示出加减控制按钮，且仅允许输入时间值。

9.3.9　范围值

range输入类型会生成一个滑动条。示例代码如下：

```
<input type="range" min="1" max="10" value="5">
```

Firefox中的效果如下图：

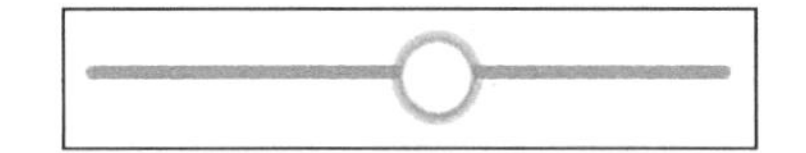

默认的输入范围是0到100。但上面的示例通过min和max属性值将其范围限定为1到10。

range输入类型的一大问题是它从来不给用户显示当前的输入值。虽然滑动条仅被设计用来选择模糊的数值，但我还是经常想看看它的当前值。使用HMTL5目前无法解决该问题，但是如果你确实需要显示滑动条的当前输入值，可以通过JavaScript实现。我们将上例中的代码稍作修改：

```
<input id="howYouRateIt" name="howYouRateIt" type="range" min="1"
max="10" value="5" onchange="showValue(this.value)"><span
id="range">5</span>
```

我们增加了两个东西，一个是onchange属性，另一个是id为range的span元素。接下来再将下面这段JavaScript代码加入页面：

```
<script>
  function showValue(newValue)
  {
    document.getElementById("range").innerHTML=newValue;
  }
</script>
```

这样做就能获取滑动条当前的输入值，将其显示在id为range的元素（span标签）中。你可以使用CSS来改变显示效果。

除此之外，还有一些和表单有关的HTML5属性。你可以在https://www.w3.org/TR/html5/forms.html上阅读完整的规范。

9.4 如何给不支持新特性的浏览器打补丁

前面把HTML5表单的功能吹上了天，但要想实际使用还有两个非常麻烦的问题：一是支持表单新特性的浏览器在具体实现上有所不同；二是对完全不支持新特性的浏览器如何处理。

如何你需要在一些老式浏览器或不支持的浏览器上使用这些新特性，可以考虑使用Webshims Lib。你可以在http://afarkas.github.io/webshim/demos/上下载。它是由Alexander Farks编写的补丁库，可以让老式浏览器支持新的HTML5特性。

在打补丁的时候务必要小心

当你需要使用赋子脚本的时候，一定要考虑充分。尽管它们十分方便，但是也增加了项目的重量。例如，Webshims依赖于jQuery，所以如果你之前并没有使用jQuery，则相当于添加了新的依赖。除非对老式浏览器打补丁是必不可少的，否则我都会放弃。

Webshims最便捷的地方就是按需打补丁。如果在原生支持HTML5新特性的浏览器上查看网页，则仅会给网页加入一丁点儿的冗余代码。而对于老版本浏览器，虽然它们需要加载更多的代码（因为它们本身能力不足），但通过相关JavaScript方法的辅助，它们能提供基本一致的用户体验。

通过打补丁收益的不仅仅只是老版本浏览器。我们知道，现在很多浏览器都没有完全实现HTML5的表单特性。在网页中移入Webshims Lib可以弥补这些浏览器的缺陷。例如，在Safari中，提交一个必填项为空的HTML5表单时，不会有任何警告信息。其实这个表单根本不会提交，但它也没给用户任何反馈，这一点都不人性化。在页面中引入Webshims Lib后，上述问题会得到修补。

当Firefox无法给`type="number"`属性提供控制按钮的时候，Webshims Lib也可以提供一个合适的jQuery解决方案。总之，它是一个很好用的工具，建议你立即下载这个小巧的工具包，然后在页面中使用，这样我们就可以继续编写HTML5表单，而所有用户都可以放心地看到他们需要的表单了（不包括使用IE6而且禁用JavaScript功能的那两个人——你知道我在说谁——快别这么干了！）。

首先下载Webshims Lib（http://afarkas.github.io/webshim/demos/）并解压，然后将其中的js-webshim文件夹复制到相应位置。为简便起见，本例中我将其复制到网站的根目录。

现在在页面中移入脚本：

```
<script src="js/jquery-2.1.3.min.js"></script>
<script src="js-webshim/minified/polyfiller.js"></script>
```

```
<script>
  // 引入你需要的功能
  webshim.polyfill('forms');
</script>
```

分析一下这段代码，首先引入了一个本地的jQuery库文件（可以在http://jquery.com/上下载最新版本）和Webshim脚本：

```
<script src="js/jquery-2.1.3.min.js"></script>
<script src="js-webshim/minified/polyfiller.js"></script>
```

最后，使用初始化脚本加载补丁：

```
<script>
  // 引入你需要的功能
  webshim.polyfill('forms');
</script>
```

现在，浏览器缺失的新功能都会通过相关的腻子脚本被自动追加进来。真是太棒了！

9.5 使用 CSS 美化 HTML5 表单

现在我们的表单已经能在各种浏览器中正常地运行，下面我们将让它响应不同的视口大小。尽管我不认为自己是一个设计师，但是通过使用在前几章中学到的一些技巧，我认为我们可以让自己的表单富有美感。

你可以在example_09-02上观看经过美化的表单。记住，如果你没有任何示例代码，可以到http://rwd.education/下载。

在本例中，我同样引入了两版的样式表：style.css是已经添加了浏览器厂商前缀的版本（通过Autoprefixer生成），而styles-unprefixed.css则是我写的CSS文件。后者会更容易理解。

下图是表单在小屏模式下的显示效果：

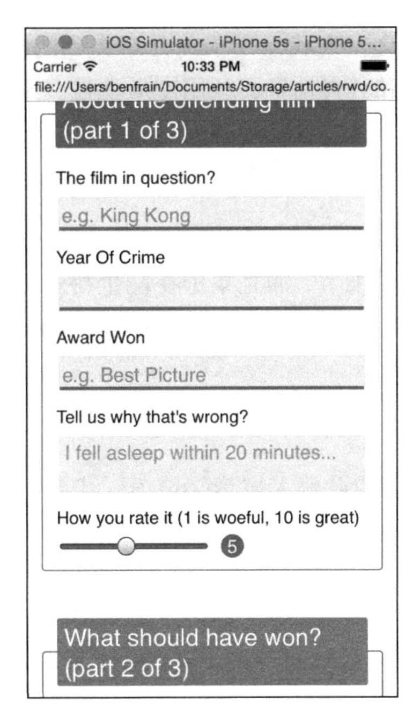

下图则是大屏下的显示效果：

Oscar Redemption

Here's your chance to set the record straight: tell us what year the wrong film got nominated, and which film **should** have received a nod...

About the offending film (part 1 of 3)

The film in question?	e.g. King Kong
Year Of Crime	1954
Award Won	jdhbdfhb
Tell us why that's wrong?	I fell asleep within 20 minutes...
How you rate it (1 is woeful, 10 is great)	5

What should have won? (part 2 of 3)

The film that should have won?	Cable Guy
Tell us why it should have won?	Hello? CAABBLLLLE GUUUY!!!!!

About you? (part 3 of 3)

Your Name	Dwight Schultz
Your favorite color	
Date/Time	
Telephone (so we can berate you if you're wrong)	1-234-546758
Your Email address	dwight.schultz@gmail.com
Your Web address	www.mysite.com

Ready?

如果你仔细阅读CSS代码，会发现我使用了前几章提到的很多技术。例如，我利用Flexbox（第3章）维持元素间的均匀间隔和其灵活性；利用变形和过渡（第8章）让被聚焦的输入域放大，让被聚焦的提交按钮垂直翻转；利用盒阴影和渐变（第6章）凸显表单中不同的区域；利用媒体查询（第2章）在不同的视口下调整Flexbox的方向；利用CSS3的伪类选择器（第5章）确保选择的正确性。

我不会再次详细叙述那些技术细节，而是集中在两个特殊的地方。首先，如何在视觉上显示必填项（和显示该项已填）；其次，如何告诉用户该输入域已被聚焦。

9.5.1　显示必填项

我们可以仅通过CSS就告诉用户此输入域为必填项。代码如下：

```
input:required {
  /* 样式 */
}
```

在该选择器中，我们可以设定输入域上的`border`或者`outline`，或者利用`background-image`添加背景图片。你可以把你所有的想法都绘制其上。我们也可以使用另外一个选择器来标记被聚焦的必填项。示例如下：

```
input:focus:required {
  /* 样式 */
}
```

然而，这只是为输入框本身添加了样式。如果我们想为相关的`label`元素添加样式呢？我决定在标签旁添加一个小星号来表明该项为必填项。但这带来了一个问题。一般来说，CSS只让我们操作以下几种情况的元素样式：作为某个特定元素的子元素、元素本身、某种特定状态下的元素或其相邻元素（我说的特定状态，指的是`hover`、`focus`、`active`、`checked`等）。在下例代码中，我使用`:hover`，不过这个状态在触摸设备中是无法显示的。

```
.item:hover .item-child {}
```

在上例选择器中，`item-child`会在元素被悬停的时候添加相应的样式。

```
.item:hover ~ .item-general-sibling {}
```

应用上例的选择器后，当鼠标悬停于`item`上时，如果`item-general-sibling`是与其拥有共同父元素并且位于它后方的兄弟元素，那么样式会被应用到`item-general-sibling`上。

```
.item:hover + .item-adjacent-sibling {}
```

本例中，当鼠标悬停在元素上时，如果`item-adjacent-sibling`是紧跟`item`的兄弟元素，那么样式会被应用到`item-adjacent-sibling`上。

所以，回到我们的问题上。如果我拥有一个如下例的label标签和输入域，并且标签位于输入域的前方（因布局所需），我们就卡壳了。

```
<div class="form-Input_Wrapper">
  <label for="film">The film in question?</label>
  <input id="film" name="film" type="text" placeholder="e.g. King
Kong" required/>
</div>
```

这种情况下，仅用CSS无法根据输入域是否必需来改变标签的样式（因为输入域位于标签的后方）。我们可以交换两个元素的位置，但是那样标签就会位于输入域的后方。这并不是我们期望的结果。

然而Flexbox让我们可以轻易倒序放置元素（如果你还不清楚的话，请阅读第3章）。于是我们可以这样编写代码：

```
<div class="form-Input_Wrapper">
  <input id="film" name="film" type="text" placeholder="e.g. King
Kong" required/>
  <label for="film">The film in question?</label>
</div>
```

然后，我们对父元素使用flex-direction: row-reverse或者flex-direction: column-reverse。这两个声明会在视觉上倒序放置它们的子元素，这让我们可以把标签放置在输入域的上方（小屏下）或者左方（大屏下）。接下来，我们就可以真正地为必填项提供提示了。

多亏倒序放置的标签，现在我们可以通过相邻兄弟选择器来实现需要的效果了。

```
input:required + label:after { }
```

这段代码是说，对于紧跟在必填输入域后的标签，应用大括号内的样式。下面是本小节的CSS代码：

```
input:required + label:after {
  content: "*";
  font-size: 2.1em;
  position: relative;
  top: 6px;
  display: inline-flex;
  margin-left: .2ch;
  transition: color, 1s;
}

input:required:invalid + label:after {
  color: red;
}

input:required:valid + label:after {
  color: green;
}
```

此时，当你聚焦在必填输入域上并且输入相关的值后，星星会变为绿色。这是一个微妙又有用的关联。

除了我们之前提到过的，其实还有很多选择器（已经实现了和正在规划的）。要想了解最新的选择器列表，可以Selectors Level 4规范的最新草案：https://drafts.csswg.org/selectors-4/。

9.5.2　创造一个背景填充效果

在第6章，我们学会了如何生成线性和径向渐变背景。然而不幸的是，我们不能在两个背景图片间添加过渡效果（因为浏览器要将声明光栅化为图片）。然而，我们可以在相关属性的值中间添加过渡效果，如background-position和background-size。我们将使用这个因素来创造一个填充效果，告知用户input或者textarea被聚焦。

下例是加到input上的属性和值：

```
input:not([type="range"]),
textarea {
  min-height: 30px;
  padding: 2px;
  font-size: 17px;
  border: 1px solid #ebebeb;
  outline: none;
  transition: transform .4s, box-shadow .4s, background-position .2s;
  background: radial-gradient(400px circle, #fff 99%, transparent
99%), #f1f1f1;
  background-position: -400px 90px, 0 0;
  background-repeat: no-repeat, no-repeat;
  border-radius: 0;
  position: relative;
}

input:not([type="range"]):focus,
textarea:focus {
  background-position: 0 0, 0 0;
}
```

在第一个规则里，我们生成了一个白色径向渐变，但是它被放置在视线外。定义在其后侧的背景颜色（紧跟在radial-gradient后的HEX值）并没有被偏移，所以它能提供一个默认的颜色。当输入域被聚焦时，radial-gradient上的背景位置会设定为默认。因为我们给背景图片设置了过渡，所以可以在两者之间看到漂亮的过渡效果。最终我们实现了在用户输入时，输入域被填充为不同的颜色。

对于原生UI的样式部分，不同的浏览器都有专属的选择器。Aurelius Wendelken为此维护了一个列表。我复制了一份（或者按照git的说法，“fork”了一份），你可以访问https://gist.github.com/benfrain/403d3d3a8e2b6198e395查看。

9.6 小结

在本章中，我们掌握了许多新的HTML5表单特性。这让我们可以设计更好用的表单，获取更准确的数据。此外，我们可以使用JavaScript的腻子脚本来让用户体验这些可能未被浏览器实现的技术。

我们的响应式HTML5和CSS3的学习之旅快要结束了。尽管我们已经花费了很多时间学习，但我知道，我无法覆盖你会遇到的所有情况。因此，在最后一章我将从更高的角度来看待响应式Web设计，并且尝试提供一些可靠的、优秀的实现方法，希望这能有助于你更好地开发自己的响应式项目。

第 10 章

实现响应式Web设计

在我最喜欢的故事和电影里，通常都会有这样一幕：导师给英雄一个建议或者赠予魔法物品。你知道那些东西在日后会大有用处，只是你不知道什么时候以什么方式发挥作用。

好吧，我想在这最后一章中扮演一下导师的角色（另外，我的头发越来越少了，我看起来也不像英雄）。我希望你，我的好徒弟，在你开始响应式设计前给我一点时间为你提点建议。

本章会有一半是哲学上的思考与指导，而另一半则是看起来毫无关联的提示和技巧。我希望在你进行响应设计开发的某些时候，这些提示会给你带来帮助。

本章内容：

- 尽快让设计在浏览器和真实设备上运行起来
- 让设计决定断点
- 拥抱渐进增强
- 确定需要支持的浏览器
- 使用渐进增强进行开发
- 将CSS的断点和JavaScript关联起来
- 生产中避免使用CSS框架
- 开发实用的解决方案
- 写最简单的可行代码
- 在视口中隐藏、显示、加载内容
- 将可视化的工作交给CSS
- 使用验证器和代码检测工具
- 分析和测试网页性能（webpagetest.org）
- 拥抱更快、更有效的技术
- 紧跟技术发展潮流

10.1 尽快让设计在浏览器和真实设备上运行起来

响应式Web设计做得越多，我越觉得尽快让设计在浏览器环境中运行起来很重要。如果你既是设计师又是开发者，这很简单。只要你有足够的灵感，就可以迅速地在浏览器上开发出原型，然后再进行完善。完全放弃高保真的整页实物模型，可以让我们更好地接受这种做法。不过，也可以考虑一下Style Tiles——一个定位在情绪版（moodboard）和完整模型之间的产品。Style Tiles的介绍（http://styletil.es/）中是这样说的：

> “Style Tiles是由字体、颜色、界面元素所组成的设计产品，用于展示Web页面中的视觉设计效果。”

我认为这能在相关人员间更好地展示和传递视觉设计的宗旨，而且再也不需要拼凑各种情绪版。

让设计决定断点

我想重申一下前几章中提到的一个点。让设计决定断点。相比于在开发过程中决定断点，这更为容易一点。你应当总是从最小的屏幕尺寸开始设计，渐渐地使视口尺寸增大，这样你就能知道在哪个地方加入断点。

你还会发现，这时候编码比较轻松。你首先为最小的视口编写CSS，然后在媒体查询中修改其在较大视口下的表现。例如：

```
.rule {
  /* 小型视口样式 */
}

@media (min-width: 40em) {
  .rule {
    /* 中型视口样式 */
  }
}

@media (min-width: 70em) {
  .rule {
    /* 大型视口样式 */
  }
}
```

10.2 在真实设备上观察和使用设计

如果可以，那就通过早期的设备（电话/平板电脑）来打造你自己的“设备实验室”吧。具有多个不同设备是十分有帮助的。这不仅能让你感觉到设计在不同设备上的表现，而且能在早期就暴露出一些布局、渲染问题。毕竟没人喜欢在已经完成一个项目后被告知在某些环境下代码无法正常工作。早测试，常测试！这并不需要花费太多。举个例子，你可以在eBay上购买二手的电话或者平板设备，或者从更新换代了设备的亲朋好友手中买入。

使用像BrowserSync这样的工具来同步你的工作

我近来使用过的一个最省时间的工具是BrowserSync。配置完成后，当你保存你的工作时，诸如CSS等的变化就会被注入到浏览器上，而无需你不断地刷新屏幕。如果这还不够吸引你，它还能通过WIFI将在不同设备上的浏览器刷新。这节省了拿起每个测试设备点击刷新的时间。它甚至能同步滚动和点击。强烈推荐https://browsersync.io/。

10.3　拥抱渐进增强

在之前的章节中，我们简要介绍过渐进增强的概念。这是一种我在实践中发现十分有用而且值得大力推广的开发方法。逐步增强的基本想法是，从选择支持的浏览器中选取它们共有的子集方法来开始编写你的前端代码（HTML、CSS、JavaScript）。然后，逐步优化你的代码以适应那些比较强大的浏览器和设备。这种方法看起来十分简单，事实上也确实如此，但如果你习惯了从最佳设备上开始设计，然后再降级你的代码，让它们能够在低版本的浏览器或者旧式设备上运行，你会发现渐进增强更为方便。

想象一下，你眼前是一个糟透了的、老掉牙的设备，不能运行JavaScript，不支持Flexbox，不支持CSS3/CSS4。在这种情况下，你可以做什么来提供一个不错的体验呢？

最重要的是，你应该编写能够精确描述你的内容的HTML5标记。如果你正在构建的是一个基于文本和内容的网站，这个任务并不困难。这种情况下，应专注于正确使用`main`、`header`、`footer`、`article`、`section`和`aside`等元素。它不仅能让你的代码分成若干有效的部分，也能为你的用户提供更大的方便。

如果你正在构建Web应用或者图形化UI组件（跑马灯、标签卡、手风琴等），则需要思考一下如何提炼成有效的标记。

好的标记如此重要，是因为它为所有用户体验打下了良好的基础。你在HTML上的优化越多，你在CSS和JavaScript上为老式浏览器所做的优化就越少。并且，没有人，真的没有人喜欢写代码来支持老式浏览器。

如果想要更好地了解渐进增强并且观看一些真实的例子，我推荐以下两篇文章。它们深入介绍了如何使用HTML和CSS来实现一些复杂的交互。

- http://www.cssmojo.com/how-to-style-a-carousel/
- http://www.cssmojo.com/use-radio-buttons-for-single-option/

开始使用这种方式去开发并不是一件容易的事。然而，这种开发能够大大地减轻你在低级浏览器上的工作量。

接下来，我们讨论一下那些浏览器。

10.4 确定需要支持的浏览器

了解一个Web项目需要支持的浏览器和设备对于开发一个成功的响应式网站是十分重要的。我们已经了解了为什么渐进增强对于此十分有用。如果你做得足够好，那么你网站的绝大部分即使在最老的浏览器上也能有效运行。

但是，有的时候根据项目需要，你要从更为高级的浏览器开始编写。例如，在你的项目中JavaScript是必需的，这种情况并不罕见。在这种情况下，你仍然可以使用渐进增强的开发模式，只是你的起点不一样而已。

无论你的起点是什么，关键是建立它。只有这时，你才能定义你想支持的不同浏览器和设备上的视觉效果和功能体验。

10.4.1 等价的功能，而不是等价的外观

让网站在每个浏览器上的外观和工作方式一样是不现实也是不可取的。除了某些浏览器专有的怪癖，也需要考虑必要的功能问题。例如，对于没有鼠标配置的触摸屏设备，我们就要考虑按钮和链接的触摸性。

因此，作为一名Web开发人员，你应该告诉你的需求方（老板、客户、股东），“支持老式浏览器”并不意味着“在老式浏览器上看起来一模一样”。我倾向于在支持的各个浏览器上功能一致而非外观一致。这意味着如果你要实现一个结账功能，所有用户都应该能够结账并且购买货物。可能在现代浏览器上，用户可以体验更棒的视觉和交互效果，但是核心任务在所有浏览器上都是可实现的。

10.4.2 选择要支持的浏览器

通常，当谈到要支持哪些浏览器的时候，我们其实是在讨论我们所支持的最古老的浏览器是

什么。这里有几个可能性需要考虑，视情况而定。

如果已经是一个现有的网站，那么看一下访客统计（Google统计或者类似的方法）。通过数字你可以做一些粗略的计算。例如，假如支持X浏览器的成本小于X浏览器将带来的价值，那么支持X浏览器。

同样，假如观察到某个浏览器的用户统计持续低于10%，回顾过去并考虑未来发展趋势。在过去的3、6、12个月里，这个数据是怎么变化的？如果现在是6%，而且在过去的12个月里这个数据已经收缩了一半，那么你就有强有力的理由放弃支持该款浏览器。

如果这是个新项目，并且没有统计数据，我通常会遵循"前两个版本"策略，即是指当前的浏览器版本和之前的两个浏览器版本。举个例子，如果IE12是目前的浏览器版本，那么你就要兼容IE10和IE11（前两个版本）。这种选择是和那些"常青树"浏览器挂钩的，"常青树"浏览器是指那些以较短的周期持续更新版本的浏览器（如Firefox和Chrome）。

10.5　分层的用户体验

此时，让我们假设股东对Web开发有一定的了解，并且在团队中。我们也假设你已经确定好了目标浏览器。那么我们现在可以将体验分为不同层级。我喜欢简单，所以会将它们区分为"基本"体验和"增强"体验。

基本体验是站点的最小可行版本，而增强体验则是包括所有功能并且最为美观的版本。当然，在你的层次里，可能要包括更多粒度。例如，不同浏览器应该根据相应的特征提供不同的体验，比如是否支持Flexbox或者`translate3d`。不管层次如何定义，你一定要定义它们，并且要知道你需要交付什么层次。然后你就可以编写那些层次了。

实现体验分层

当前，Modernizr为基于浏览器兼容性的优化提供了最为稳健的方式。尽管这意味着要为你的项目添加JavaScript依赖，但我认为这是值得的。

记住，当编写CSS的时候，没有被媒体查询包裹的代码或者没有被Modernizr添加选择器的代码，应该是由"基础"版本代码组成的。

然后通过Modernizr，我们可以根据浏览器的兼容性优化体验。如果你回头看example_08-07，会看到我在离屏菜单中使用了这种编码方式。

10.6 将 CSS 断点与 JavaScript 联系起来

通常，一些页面上的交互都会涉及JavaScript。当你在开发响应式项目的时候，可能想在不同尺寸的视口里看到不同的效果。这既包括CSS也包括JavaScript。

假设我们想在到达某个CSS断点的时候调用特定的JavaScript函数（记住，“断点”是用来定义在响应式设计中某个显著改变点的术语）。让我们假设这个断点是47.5rem（如果字体大小是16像素，则这个断点是760像素），而我们只想在这个大小上运行函数。最容易想到的方法就是量屏幕的尺寸，当尺寸值匹配的时候调用相应的函数。

JavaScript总是返回宽度的像素值而不是REM值，所以这里是第一个需要改变的地方。然而，即使我们在CSS上将断点的值设置为像素值，这仍然意味着我们有两个地方需要维护。

万幸的是，我们有更好的方法。我最先是Jeremy Keith的网站上看到这种方法的：https://adactio.com/journal/5429/。

你可以在example_10-01中找到完整的源代码。然而基本思想是，我们在CSS上插入一些能够让JavaScript轻易理解的值。

看一下下面的CSS代码：

```
@media (min-width: 20rem) {
    body::after {
        content: "Splus";
        font-size: 0;
    }
}
@media (min-width: 47.5rem) {
    body::after {
        content: "Mplus";
        font-size: 0;
    }
}
@media (min-width: 62.5rem) {
    body::after {
        content: "Lplus";
        font-size: 0;
    }
}
```

在每一个我们想和JavaScript沟通的断点处，我们使用了`after`伪元素（你也可以使用`before`伪元素），并且将其内容设置为断点的名称。在上例中，我使用了`Splus`对应小屏幕，`Mplus`对应中等大小屏幕，`Lplus`对应大屏幕。你可以使用任何你认为合理的名字和值（不同的方位、不同的高度、不同的宽度等）。

::before和::after伪元素是作为影子DOM元素插入到DOM中的。::before作为第一个子元素插入，而::after则作为最后一个子元素插入。你可以在你的浏览器的开发者工具中确认这一点。

在CSS设置中，我们可以看到DOM，并且能看到::after伪元素。

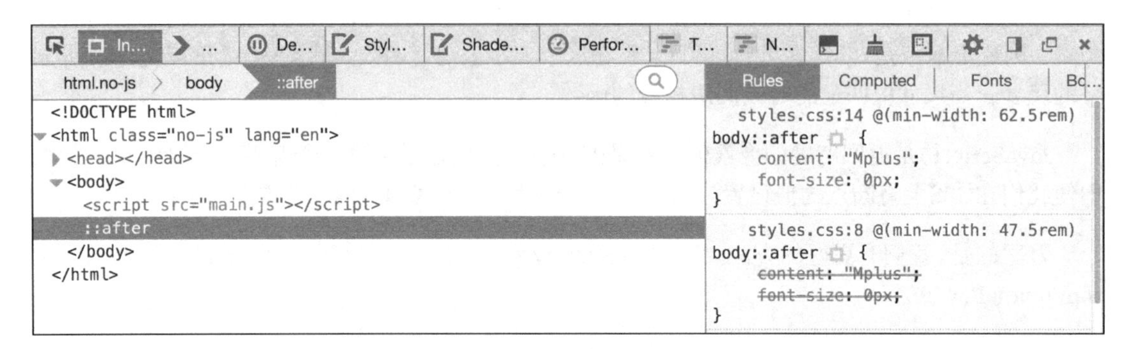

然后在JavaScript中，我们可以阅读这个值。首先，我们将这个值赋给一个变量。

```
var size = window.getComputedStyle(document.body,':after').
getPropertyValue('content');
```

一旦获得了它，我们就可以做很多事情了。为了证明这个概念，我编写了一个简单的自我调用函数（自我调用意味着它在浏览器解析它的时候马上被调用）来根据视口大小弹出不同的信息：

```
;(function alertSize() {
    if (size.indexOf("Splus") !=-1) {
        alert('I will run functions for small screens');
    }
    if (size.indexOf("Mplus") !=-1) {
        alert('At medium sizes, a different function could run');
    }
    if (size.indexOf("Lplus") !=-1) {
        alert('Large screen here, different functions if needed');
    }
})();
```

我希望你可以在你的项目中做比弹出信息更为有趣的事情，我相信你会通过这种方式获益的。这样你也不会再遇到CSS媒体查询结果和JavaScript函数运行结果不一致的情况。

10.7　避免在生产中使用 CSS 框架

有很多免费的CSS框架旨在帮助快速搭建响应式网站，其中最为有名的两个是Bootstrap（http://getbootstrap.com/）和Foundation（http://foundation.zurb.com/）。尽管这两个项目都十分棒，尤其是在学习如何搭建响应式视觉效果方面，但我仍然认为在生产中应该避免使用它们。

我和很多一开始使用了其中一个框架，最后却要修改它以满足需求的开发者谈过。这种方法在快速制作原型方面有巨大的优势（例如，把交互方式展现给客户看），但我认为把它加入到生产项目中是一种错误的策略。

首先，从技术上看，添加一个框架会为你的项目带来过多的冗余代码。其次，从美学的角度上看，因为这种框架十分普及，所以你的项目会和无数个其他项目看起来一模一样。

最后，如果你只是在你的项目里复制粘贴代码，然后调整至符合你的需求，那么你就不可能充分理解它们的原理。只有通过定位和解决你遇到的问题，你才能掌握你项目中的代码。

10.8 采用务实的解决方案

当涉及前端Web开发的时候，我总会为“象牙塔里的理想主义”而头疼。在尝试去做“正确”的事情时，我们要尽可能选择务实的做法。让我举个例子（完整代码见example_10-02）。假设我们有一个按钮可以打开离屏菜单。我们的自然反应可能会是这么编写：

```
<button class="menu-toggle js-activate-off-canvas-menu">
    <span aria-label="site navigation">&#9776;</span> menu
</button>
```

美观又简单。因为它是按钮，所以我们使用了`button`元素。我们在按钮上使用了两个不同的HTML类，一个会是CSS样式的钩子（`menu-toggle`），而另一个则是JavaScript钩子（`js-activate-off-canvas-menu`）。另外，我们使用了`aria-label`属性（第4章详细介绍过ARIA）来告诉屏幕读取器`span`元素中字符的意义。在本例中，我们使用了`⛸`这是一个Unicode字符，代表了八卦中的天卦。它被用在这里，仅仅是因为它和象征菜单的“汉堡图标”十分相像。

如果你想获取关于何时以及如何使用`aria-label`属性的建议，我强烈推荐Heydon Pickering在Opera开发者网站上编写的这篇文章：https://dev.opera.com/articles/ux-accessibility-aria-label/。

此时，我们的状态还是十分不错的。语义化、简易的标记和功能区分完整的类。下面，让我们调整一下样式吧：

```
.menu-toggle {
    appearance: none;
    display: inline-flex;
    padding: 0 10px;
    font-size: 17px;
    align-items: center;
```

```
    justify-content: center;
    border-radius: 8px;
    border: 1px solid #ebebeb;
    min-height: 44px;
    text-decoration: none;
    color: #777;
}
[aria-label="site navigation"] {
    margin-right: 1ch;
    font-size: 24px;
}
```

我们在Firefox上打开，效果如下：

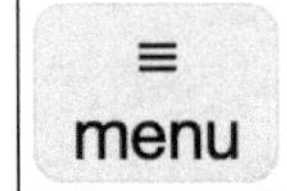

然而这并不是我们想要的。在这种情况下，浏览器决定了我们走得太远了。Firefox不允许我们将一个按钮元素设为Flex容器。这令开发者十分纠结。我们应该选择正确的元素还是正确的外观效果呢？理想状况下，我希望“汉堡图标”在左侧，而文字“menu”在右侧。

你可以在上例代码中看到我们使用了appearance属性。它用于移除浏览器对于表单元素的默认样式，并且拥有一段简短的历史。它是由W3C规定的，但是不久之后就被抛弃了，只剩下在Firefox和Webkit内核浏览器上带有浏览器前缀的版本。万幸的是，现在它重新回到了规范中：https://drafts.csswg.org/css-ui-4/#appearance-switching。

使用链接代替按钮

我不得不承认，在这种两难的情况下，我通常会选择后者。然后我努力弥补我使用错误元素的事实，方式是选择次优元素，修改它的ARIA角色来让其和正确的元素表现一致。在本例中，我们的菜单按钮不是一个链接（毕竟，它不会跳转到任何地方），它只是一个为我所用的标签。我使用链接元素的原因是它比其他元素都更像按钮元素。而通过使用链接元素，我们可以实现梦寐以求的外观效果。下面是我编写的标记。注意，我在a标签上添加了ARIA角色来表示它的功能是按钮（而不是默认的链接）：

```
<a class="menu-toggle js-activate-off-canvas-menu" role="button">
    <span aria-label="site navigation">&#9776;</span> menu
</a>
```

尽管这不完美，但确实是一个务实的解决方案。下面是两个方案（左边是button元素，右边是a标签）在Firefox（版本是39.0a2）上的展现效果。

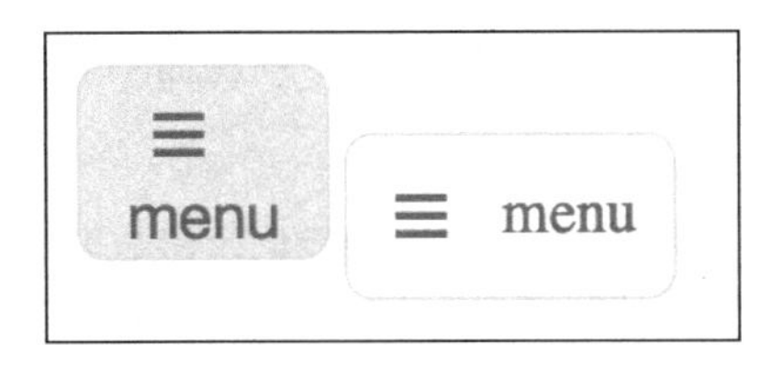

当然，在这个简单的例子里，我们可以将display从flex改为block，然后使用padding来达到我们需要的外观效果。又或者，我们可以继续使用button元素，然后将另外一个语义上无意义的元素（span）作为Flex容器来包裹它。你可以根据自己的喜好来权衡使用哪种方法。

归根到底，是由我们自己来使文档标记更为合理。有的开发者会有一个极端的想法，只使用div和span来确保浏览器上没有不想要的样式效果。代价是他们的元素没有内在含义，换言之，可访问性较差。而另一个极端则是标记纯粹主义者，他们认为使用正确的标记是最重要的，无论视觉效果最终看起来如何。我认为，折中是更为明智和有效的做法。

10.9 尽可能使用最简单的代码

新技术提供的帮助的确很迷人。但是要记住，使用最简单的方式去达到你的目的。例如，如果你需要为列表中的第五个元素添加不同的样式，并且你能操作标记，那就不要像下面这样使用nth-child选择器：

```
.list-item:nth-child(5) {
    /* 样式 */
}
```

如果你可以操作标记，直接在标记上添加HTML类是更为明智的做法：

```
<li class="list-item specific-class">Item</li>
```

然后使用类来添加样式：

```
.specific-class {
    /* 样式 */
}
```

它不仅更易懂，而且支持度也更高（旧版本的IE浏览器并不支持nth-child选择器）。

10.10 根据视口隐藏、展示和加载内容

在响应式Web设计中有一个常用的准则：如果你在小屏幕上不加载某一部分，那么在大屏幕上也不应该加载。

这意味着在每一个视口下用户都应该能达到同样的目的（购买产品、阅读文章、完成交互）。

10

这是常识。毕竟，作为用户，如果只是因为屏幕尺寸问题而不能在网站上进行操作，我们会感到失落。

这也同样意味着，随着屏幕的尺寸越来越大，我们也没有必要去增加额外的部分（窗口小部件、广告、链接等）来填充空白。如果没有了这些额外的部分，用户也能在小屏幕中良好地使用，那么在大屏幕里他们也应该问题不大。在较大尺寸的视口里展示额外的部分也就意味着，要么在小视口里隐藏部分元素（通常是使用CSS中的`display: none`），要么在某种特定的视口下进行额外的加载（在JavaScript的帮助下）。简洁而言，要么是部分内容被加载了但不可见，要么是部分内容可见但尚未加载。

广义地说，我认为上面的准则十分中肯。如果贯彻下去，能够让设计师和开发者透彻地思考如何安排页面中的内容。然而，就像以往的Web设计一样，总是会有例外的。

我总是尽量避免在不同的视口上加载新的标记，但是有时这是必需的。我曾经编写过一个复杂的交互界面，需要在更宽的视口里加载不同的标记和设计。

在这种情况下，JavaScript用于将一个区域中的标记替换掉。这不是理想的情况，但这是最为务实的做法。如果因为种种原因JavaScript失败了，用户可以得到较小的视口布局。他们仍然能够进行想要的操作，这是我在当时的条件下最好的实现方式。

随着你编写的响应式Web设计越来越多，你会遇到各种各样的选择，你需要自己判断在给定的情景下哪种选择更好。不过，使用`display: none`来隐藏某些元素从而达到目标也不是一个坏方法。

将复杂的可视化工作交给 CSS

事实已经证明，JavaScript可以实现单独使用CSS无法实现的交互效果。然而，如果可能的话，在涉及视觉效果的时候，我们仍然应该将工作交给CSS来完成。这意味着，不要单独使用JavaScript实现菜单移入、移出、打开、关闭的动画效果（说的就是你正在使用的jQuery的`show`和`hide`方法）。相反，使用JavaScript在相关的部分上做简单的类变换，然后让类去触发CSS展示相关的动画效果。

为了确保性能，在改变类的时候，请保证你改变的类尽可能与你的目的相关。举个例子，如果你想让弹出框出现在某个元素上，那么在它们俩共享的最近的父元素上添加相关类。这将确保只有相关的部分变“脏”，而不用重绘广大的页面区域，从而保证性能。如果想学习更多关于性能优化方面的知识，可以参考Paul Lewis的“浏览器渲染优化”课程：https://www.udacity.com/course/browser-rendering-optimization--ud860。

10.11 验证器和代码检测工具

总的来说，HTML和CSS的容错性十分好。你可以错误地嵌套、漏写引号或者忘记闭合标签，然而却一点问题都没有。尽管如此，几乎每周我都会被错误的标记所迷惑。有的时候可能是一时手滑打错了字符，有的时候像一个小学生那样将`div`嵌套在`span`里（因为`span`是一个`inline`元素而`div`是一个`block`元素，这样会造成不可预测的结果）。万幸的是，有工具可以帮助我们。在最坏的情况下，如果你遇到一个奇怪的问题，可以前往https://validator.w3.org/，然后在上面粘贴你的代码。它会指出所有的错误并且附上相应行数，帮助你去修复。

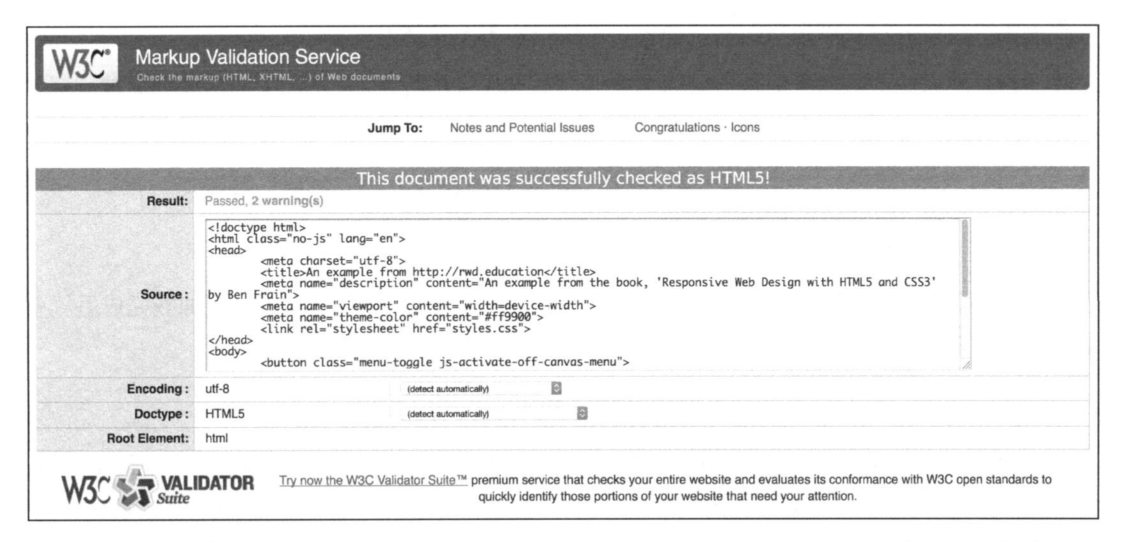

更好的方法是为你的HTML、CSS和JavaScript安装和配置检测工具。又或者选择一款内置有代码检测工具的文本编辑器。然后在你开发的时候，所有的问题都会被标记出来。下例是微软的Code编辑器标记出来的一个CSS拼写错误。

```
_days-since.css - bf2
• _days-since.css preCSS
1  .post-DaysSince {
2      display: flex;
3      widtth: 100%;
4      alig   Rename to 'width'
5      marg   Rename to 'max-width'
              Rename to 'min-width'
6      font-size: 1.1rem;
7      line-height: 1;
8      border: 1px solid #dedede;
9      background-color: $color-blockquote;
10     padding: 5px 0;
11 }
12
```

笨拙的我把`width`拼写成了`widtth`。编辑器马上就发现了，并且指出了我的错误，还提供了一些修改建议。尽可能地去使用这些工具吧。这比花大量时间在代码里查找简单的语法错误更有意义。

10.12　性能

对于响应式Web设计，性能和外观一样重要。然而，性能的衡量标准总是会变化。例如，浏览器更新并改进了它们处理资源的方法，发现了足以替代目前的“最佳方法”的新技术，技术终于被浏览器广泛支持，可以被广泛采纳了。这样的例子不胜枚举。

不过仍然有一些基础条例是十分稳定的（好吧，到HTTP2普及后，它们中的许多都会被放弃），如下。

(1) 减少你的资源数（例如，不要加载15个JavaScript文件，而应该将它们拼成一个）。

(2) 减小你的页面大小（如果你能压缩图片，那么请压缩）。

(3) 延迟加载非必需资源（如果你可以将CSS和JavaScript的加载延迟到页面加载完成后，就可以大幅缩短初始化时间）。

(4) 保证页面尽快可用（通常是上述所有步骤的副产物）。

有很多工具可以度量和优化性能。我最喜欢的是https://www.webpagetest.org/。它是最简单的，你只需要输入一个网址然后点击START TEST即可。它会显示出一份完整的页面分析。不过更有用的是，它还会按照幻灯片的方式显示出页面的加载过程，让你知道如何改进页面加载速度。下图是BBC主页的检测结果：

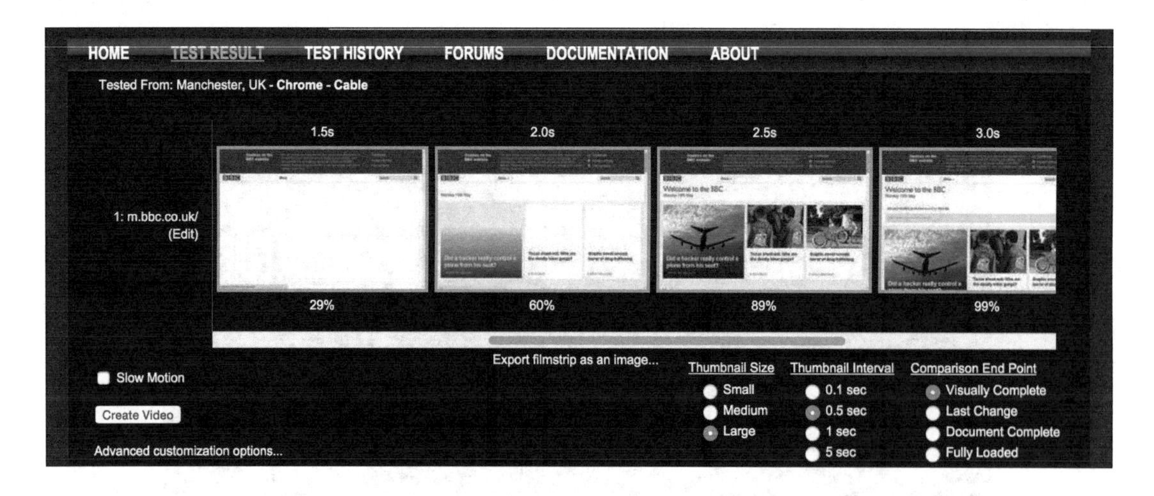

当你尝试优化性能时，确保在开始前衡量性能表现（否则，你不知道你的优化工作的成果）。然后调整、测试，再重复上述步骤。

10.13 下一个划时代的产物

前端发展的一个有趣之处就是快速的改变。总是有新事物需要学习，而Web社区则孜孜不倦地挖掘更好、更快、更有效的解决问题的方式。

例如，在写这本书的三年前，响应式图片（第3章对`srcset`和`picture`元素进行过详细介绍）就不存在。想当年，我们只能使用第三方的解决方法来为不同的视口提供适合的图片。既然现在这一普遍的需求被W3C规范化了，我们就可以放心地使用了。

同样，不久前，Flexbox只是在规范作者眼前一闪而过而已。哪怕当其被写入规范，它仍然十分难用。直到Andrey Sitnik和他在Evil Martians（https://evilmartians.com/）上的聪明的合作人写出了Autoprefixer，我们才能相对轻松地跨浏览器使用它。

未来还会有更多令人兴奋的功能需要我们理解和实现。我们已经在第4章里提到了Service Workers。它就是一个创建离线Web应用的更好的方法。详情可以阅读https://www.w3.org/TR/service-workers/。

还有“Web组件”，它是一个规范集合，包括了影子DOM（http://w3c.github.io/webcomponents/spec/shadow/）、自定义元素（http://w3c.github.io/webcomponents/spec/custom/）和HTML的引入方法（http://w3c.github.io/webcomponents/spec/imports/）。这些让我们得以创建完全定制的、可复用的组件。

然后还有其他接下来会被改进的地方，例如CSS4的选择器（https://drafts.csswg.org/selectors-4/）和CSS4的媒体查询，第2章都介绍过。

最后，另一个隐约可见的重要改变就是HTTP2了。它承诺将会让目前许多所谓的“最佳方法”变成“糟糕的方法”。如果你想深入了解，我推荐你阅读Daniel Stenberg的“http explained”（它是一个免费的PDF）。如果你只是想阅读一个简短的总结，可以阅读Matt Wilcox的文章“前端开发者需要了解的HTTP2”（https://mattwilcox.net/web-development/http2-for-front-end-web-developers）。

10.14 小结

本书已至结尾，我希望本书涵盖了所有相关的技术和工具，能够帮助你去构建你的下一个响应式网站或者响应式Web应用。

我认为，通过事先筹划Web项目，并对现存的工作流、实现方式和技术做一些修改，就可以创造出快速、灵活、便于维护的响应式网站，并且能在任何设备上都表现良好。

在本书中，我们已经了解了大量知识，包括方法、技术、性能优化、规范、工作流、工具等。我不敢妄想有人阅读一次就学会了全部内容。因此，当下一次你需要使用某个语法或者我们介绍过的某项响应式技术，我希望你可以翻开本书进行查阅。我会在那里等你。

在那之前，我祝福你在响应式网页设计的过程中好运连连。

再见。